舞动的星光：萤火虫

【法】亨利•法布尔 著

富强 译

吉林出版集团有限责任公司

在对某个事物说“是”以前，我要观察、触摸，而且不是一次，是两三次，甚至没完没了，直到没有任何怀疑为止。

——法布尔

目录

舞动的星光：萤火虫

目录

舞动的星光：萤火虫

第一章
斑纹蜂

矿蜂身体纤细，个头有大有小。大的比黄蜂还大，小的比苍蝇还小。它们腹部的底端都有一条明显的沟，沟里藏着一根刺。这根刺可以在沟里来回移动，当遇到敌人来侵犯时，可以用来保护自己。有一种矿蜂中身上长有红色的斑纹，这种蜂叫斑纹蜂。雌性斑纹蜂的斑纹要比雄性的更绚丽多彩，腹部上还环绕着黑色和褐色的条纹。它们的身材大小和黄蜂差不多。下面我们要介绍的，就是这种蜂。

它一般都是在结实的泥土里面建巢，因为那里很牢靠，没有崩塌的危险。比如，我们家院子中那条平坦的小道，那是它们最理想的建巢的地方。每年一到春天，它们便会来这里安营扎寨，络绎不绝。每群蜜蜂的数量都不一样，最大的有上百只的规模。

每只蜜蜂住的都是单间，自己的房间除了自己之外，谁都不许进入。不然，主人就会毫不客气地给闯入者一剑。不过也

没有这么不识趣的蜜蜂会乱闯别人房间。这里充满了和平的气氛，大家都各自守着自己的家，谁也不冒犯别人。

每年四月，它们就开始默默地工作起来，没有人注意到它们。只有巢外那一堆堆新鲜的小土山，可以见证它们的努力。外人很少有机会能看到这些劳动者，它们一般都是在坑底工作。有时在这边，有时在那边，非常忙碌。有时候我们从外面观察它们的工作，只能见到它们门口的小土堆有很小的动静，偶尔有东西从土堆顶部沿着斜坡滚下来。这是蜜蜂从土堆顶端的开口处抛出来的废物。在整个工作过程中，它们绝不会走出洞穴半步。

到了五月，太阳和鲜花让这里充满欢乐。就在一个月前，这些辛勤的蜜蜂还是矿工呢。当时它们常常满身灰土，停在一个土堆上。现在，这个土堆已经成了它们的巢，形状像是一只倒扣着的碗，入口就是碗底的那个洞。

在巢中有一根垂直的轴，算是地下建筑与地表之间的走廊，也是地下建筑离地面最近的通道。这根轴大约有一支铅笔那么粗，在地面下约有 6 ～ 12 寸深。

有一些小小的巢在走廊的下面。这些小巢呈椭圆形，每个长约 0.75 寸。它们是通过同一个公共走廊与地面相连的。

小巢内部装修得光滑、精致，每一个都是如此。我们可以看到一个个印子，淡淡的，呈六角形，这些痕迹是它们做最后一次工程时留下的。那么，这么精细的工作，它们是用什么工具来完成的呢？答案是它们的舌头。

斑纹蜂会在巢上涂一层唾液。这样，在下雨的日子里就不用担心巢里的小蜜蜂被弄湿了。这层唾液像油纸一样把巢包住，我曾经做过往巢里灌水的实验，可是到最后水一点儿也没有流进巢里去。

斑纹蜂的筑巢时间一般是在三月和四月。这个季节中的天气不大好，地面上也很少有花草。它们的嘴和四肢就是铁锹和耙子，用来充当它们在地下工作的工具。随着一堆堆的泥粒被它们带到地面上，巢也就渐渐地筑成了。最后的工作就是，用舌头在巢上涂上一层唾液。五月到来了，斑纹蜂已经结束了地下的工作，投入到灿烂的阳光和鲜花的怀抱中。

蒲公英、野蔷薇、雏菊花在田野里随处可见。勤劳的斑纹蜂在花丛中进进出出，它们收集花蜜和花粉，快乐地往返于花丛和蜂巢间。在快到家的时候它们会改变飞行方式，低空盘旋。它们的巢穴外观相似，不降低高度、放慢速度是很难辨别的。最终，它们都能准确无误地找到自己的房间钻进去。

同其他蜜蜂一样，斑纹蜂每次采蜜回来，也会先把尾部塞入小巢，把花粉刷下来。然后再把头部钻入小巢，在花粉上洒上花蜜。就这样，劳动成果被储藏起来了。尽管每一次收获的花蜜和花粉都特别少，但是积少成多，经过多次的采运之后，小巢就被装满了。接下来，斑纹蜂要干的工作就是制造“小面包”。

斑纹蜂把它储藏的花粉和花蜜搓成一粒粒小面包，这些小面包有豌豆大小。这是它为未来的子女们预备的食品。虽然我把它叫做小面包，但是它和我们吃的小面包大不一样：它的外面是甜甜的蜜质，是用来给小蜜蜂早期的时候吃的；里面充满了干的花粉，是小蜜蜂后期的食物，这些花粉不像蜜一样是甜的，而是没有任何味道。

做完了食物以后，斑纹蜂就开始产卵。别的蜜蜂都是产了卵后就把小巢封起来；但是它不一样，它还要一边继续采蜜，一边看护小宝宝。

在斑纹蜂妈妈的精心养护和照看之下，小斑纹蜂渐渐地长大了。斑纹蜂会在它们作茧化蛹的时候把所有的小巢都用泥封好。等到完成了这项工作，斑纹蜂终于有时间休息了。

要是没有什么意外的话，两个月之后小斑纹蜂就长大了，就能像它们的妈妈一样去花丛中穿梭起舞了。

斑纹蜂的家庭看上去很安逸，其实不然，有许多凶恶的强盗埋伏在它们周围。其中有一种蚊子就是斑纹蜂的劲敌，尽管它的个头非常小。

让我们来看一下这是一种什么样的蚊子。它的身体非常短，不超过0.2寸；长着红黑色的眼睛，白色的脸；黑银灰色的胸甲上面有五排小黑点儿，还长着许多刚毛；腹部是灰色的，腿是黑色的。整个样子看上去像一个冷酷的杀手，又凶恶，又奸诈。

这种蚊子，在我观察的这一群蜂的活动范围内被发现过很多次。它们很聪明，会潜伏在一个隐蔽的地方，等着斑纹蜂的到来。等斑纹蜂出现的时候，它们就紧紧地跟在它后面，任凭斑纹蜂怎样打转、飞舞都摆脱不了它们。最后，斑纹蜂俯身冲进了自己的屋子。这时，蚊子不得不在洞口停下。它头向着洞口，

纹丝不动，就这样等着。

它们常常这样对峙，面对面僵持着，彼此之间的距离只有一个手指那么宽。斑纹蜂就像是温厚的长者。对它来说，打倒门口的这只小强盗易如反掌。只要它愿意，它可以用嘴把它咬烂，也可以用刺把它刺得遍体鳞伤。可斑纹蜂并没有这么做，而是任凭小强盗在门口挑衅。再回过头来看一看这个小强盗，尽管知道眼前的对手非常强大，也明白对于斑纹蜂来说撕碎自己简直是轻而易举，可它没有丝毫恐惧的样子。

不一会儿，斑纹蜂就飞走了。等它走后，蚊子便开始行动。它毫不客气地进入了巢中，就像是在自己家里一样随便，接着便开始胡作非为，它看到主人幼虫的巢都还没有封好，便把自己的卵放了进去。蚊子会在主人回来之前搞定一切。等主人回来的时候，它早已逃之夭夭了。它会去找下一个目标，再实施一次这种肮脏的行为。

几个星期过去了，让我们再去斑纹蜂的巢中看一下。我们会发现，藏在巢里的花粉团已是一片狼藉。在藏着花粉的小巢里，我们还会看到几条小虫。这些小虫的嘴非常尖，一看便知是蚊子的幼虫。有时候也会发现几条斑纹蜂的幼虫在它们中间，它们本该是这个房子的主人，但是现在却饿得瘦骨嶙峋，因为原本属于它们的食物都被那帮贪吃的入侵者抢走了。这些可怜的小东西越来越衰弱，最后竟被活活饿死了。这个时候，那些蚊子的幼虫就会残忍地将它们的尸体一口一口地吞掉！

尽管小斑纹蜂的母亲常常来探望，可是它似乎没有察觉到自己的家中已经进入了强盗。面对着这些陌生的幼虫，它一如既往的宽厚，既不会杀掉它们，也不会把它们赶出去。它还以为巢里躺着的是它亲爱的宝贝，它把这些蚊子的幼虫当成了自己的孩子，并认真仔细地把巢封好。最终，斑纹蜂母亲将什么也得不到。

作为母亲，这真是可怜啊！

如果没有蚊子所造成的意外，斑纹蜂的家里大约会有十个姐妹。它们不会再另挖隧道，而是把母亲遗留下来的老屋拿过

来继续用，这样就节约了时间和劳动力。它们做着各自的工作，虽然从同一个门口进出，但是互不打扰，显得十分客气。在走廊的尽头，它们都有各自的家。每一个家都由一群小屋构成，这些小屋是它们自己建的，只有走廊是公用的。

它们是怎样来来去去地忙碌的呢？让我们来看一看。当一只斑纹蜂采完花蜜归来的时候，它会一头钻进自己的房间里。因为它们非常忙，所以根本没有时间在门口徘徊。巢内的隧道很窄，根本不允许两只斑纹蜂并排前进。因此当几只斑纹蜂同时到达门口的时候，谁先进去就成了一个问题。这个时候它们的腿上都沾满了花粉，哪怕是轻轻一触，花粉就会掉到地上。那样的话，劳动成果就白白浪费了，这可是辛勤劳动了半天才收集来的。让我们来看一下它们是怎么做的：它们会排队依次通过，最靠近洞口的斑纹蜂先进去，然后是第二只，第三只，第四只……这支队伍非常有秩序。

斑纹蜂在自己的同类面前都是非常有风度、有礼貌的。有时候，一只斑纹蜂刚要出去，而此时，洞外另一只则正要进去。在这种情况下，要进去的斑纹蜂会很自觉地退到一边，让那只要出来的斑纹蜂先通过。但也并不一定每次都是这样。我就见到过这样一只斑纹蜂，它从走廊到达洞口，眼看要出来了，又忽然退了回去。原来是外面有一只斑纹蜂要进来，它让出了走廊。这种互助的精神既让人感到有趣，又让人敬佩。它们的工作之所以有如此高的效率，和它们的这种工作精神是有很大关系的。

关于斑纹蜂的事情还有更有趣的呢。仔细观察我们会发现，当斑纹蜂满载着劳动成果归来时，堵住洞口的活动门会忽然落下，这样便出现了一条道路。当斑纹蜂进去以后，这扇活动门又会升上来把洞口堵住。如果有斑纹蜂要从里面出来，同样这扇活动门也会降下去，然后等里面的斑纹蜂飞出去之后再升上来。

这个活动门忽上忽下的就像针筒的活塞一样，究竟是什么东西呢？其实这是一只斑纹蜂，它是这所房子的门卫。那个忽上忽下的活动门其实是它的大头顶。这是怎么回事呢？原来门口这个地方的空间相对宽大，能容得下两只蜂。这个门卫便守

在这里，用头顶顶住洞口。当住在这所房子里的居民要出入的时候，它就立刻退到一边，打开大门；当这些斑纹蜂都通过了，这个门卫再上来用头顶住洞口。它是那样热爱自己的岗位，尽管有些枯燥。它除了有时不得不去驱赶一些不速之客以外，一般都是一动不动地守着大门，从来不会擅自离开岗位。

我们想要见到这位尽职尽责的守门人，只有等它偶尔走出洞口的时候才有机会。我们仔细地观察了一下这个门卫，它的头长得很扁，并且衣衫褴褛，身上也没有像其他斑纹蜂一样的红棕色花纹，只是在深黑色的衣服上有着一条条的纹路，身上的绒毛也已经看不出来了。

我们从这一套破碎的衣服上，可以看出它日复一日地用自己的身躯顶住门口是多么的辛劳，并且它已经到了老迈沧桑的年龄。当你知道了它的真正身份之后，肯定会被感动。这个“老门卫”正是这座房屋的建筑者，是现在工蜂的母亲和幼虫的祖母。就在三个月前，它还在辛辛苦苦地建造这座房子，那时的它还很年轻。现在的它已经子孙满堂，本应该好好休息休息，但它却闲不住，把毕生最后一点儿精力拿来保护这个家。这真的让人非常感动。

那个关于小山羊的故事大家一定还记得。有人来敲门，小山羊便多疑地从门缝里往外张望，然后说：

“你是谁？请把你的脚伸给我看。如果你的脚是白色的，那你就是我们的妈妈，我们就开门；如果你的脚是黑色的，那你就是大灰狼，我们就不开门。”

和小山羊相比，在警惕陌生人这一方面，这位老祖母绝不亚于它们。它会对每一位来客说：

“如果你想进来，那么就请把你的蜜蜂黑脚伸给我看。”

当它认出这是自己家庭的成员时，它才把门打开。除此之外，它不会让任何外客进入这座房子。

但是也有一些胆子很大的冒险家，比如说在洞旁路过的一只蚂蚁。它闻到洞内散发出一阵阵蜂蜜的香味，就对这个地方感到很好奇。

“滚开！”老斑纹蜂冲这只蚂蚁吼道。

蚂蚁被吓了一跳，赶紧走开了。它还算识趣，要是不走的话，准会受到老斑纹蜂毫不客气的追击。

并不是每一种蜜蜂都擅长挖隧道，樵叶蜂就不擅长。因此，它只能在别人挖好的隧道里安家。对它来说，再也没有比斑纹蜂的隧道更合适的了。自从受到蚊子偷袭，巢被蚊子的幼虫占据之后，一些斑纹蜂的家就彻底败落了，这些巢就成了空巢。对于樵叶蜂来说，到斑纹蜂的巢中安家算是顺理成章，也可以说是废物利用。这样合适的巢并不是那么好找，樵叶蜂会经常到斑纹蜂的领地里去视察，寻找合适的空巢。有的时候，它们以为自己找到了空巢，心想自己那些用枯叶做成的蜜罐终于有地方放了。可是到了洞口，里面就会立刻冲出一位门警，用手

势告诉它，这个洞早就有主人了。樵叶蜂只好飞到别处去找房子。

也有的樵叶蜂非常鲁莽，还没等门警出来，就迫不及待地把头伸进洞去。机警的门卫立刻用头顶住通路，并且发出一个警告。这个警告并不是十分严厉，只是让樵叶蜂明白这屋子的所有权。樵叶蜂很识趣，悻悻地离开了。

樵叶蜂身上有一种寄生虫。这种寄生虫贼头贼脑，粗鲁莽撞，有时候会受到斑纹蜂的教训。我就曾经亲眼目睹过一次。它闯进了斑纹蜂的家还以为是到了樵叶蜂的家，便开始肆无忌惮地为非作歹。守门的老祖母给它上了生动的一课，用一顿严厉的惩罚来告诉它，以后不要乱闯别人的家。它最后跌跌撞撞地从洞中逃到了外面，样子狼狈不堪。像这样野心勃勃又没有头脑的傻瓜还有好多。不过，无论是谁，乱闯进斑纹蜂的家，下场都是一样的。

守门的斑纹蜂有一个特殊的敌人，那就是另外一位老祖母。它们有时会发生争执，甚至大打出手。这是怎么一回事呢？每当初夏来临的时候，一些老斑纹蜂才会发现，从自己巢中孵出的竟然是可恶的蚊子。这个时候痛心疾首、恍然大悟已经无济于事。它们没有子孙，成了可怜的孤老，只好痛心疾首地离开自己的家，到别处谋生。七月中旬是斑纹蜂们最忙碌的时节。年轻的母蜂们精力充沛地在花丛和巢穴之间来回穿梭，它们又机敏又漂亮；而那些失去子孙和家庭的老蜂则行动缓慢，脚步踟蹰。它们在一个个的洞口间来回踱步，像是迷了路找不到自己的家一样。这些流浪者真是让人可怜。这些老蜂现在只能看看谁家还缺管家或是门卫，以此混口饭吃。可是这种情况几乎没有，因为那些完整的家庭都有一个老祖母在打点一切。它们对于这种前来找工作、抢自己饭碗的老蜂心存敌意。的确，对于一个家庭来说，一个门卫就足够了。两个门卫的话，反而会堵塞原本就不宽敞的走廊，让其他斑纹蜂没法通过。

为了这个工作岗位，有时候两个老祖母之间会发生一场恶斗。看到有流浪的老斑纹蜂停在自家门口的时候，这家的看门老祖母就会非常愤怒。它一边紧紧守着门不让对方进来，一边做出一副张牙舞爪的样子，向对方挑战。

这些无家可归的老斑纹蜂的结局非常悲惨凄凉。它们一天天地衰老，数目也一天天地减少，直至全部绝迹。最终，有的

进了小蜥蜴的肚子，有的饿死了，有的老死了，还有的是万念俱灰，郁郁而终。

守门的老祖母还是那样兢兢业业。清晨的时候天气凉爽，这位门卫早早便上岗了；中午是最忙的时候，因为工蜂们中午都忙着采蜜，从洞口不断进出，这位门卫更是一刻也不休息。到了下午，工蜂们不出去采蜜，都留在家里筑巢，因为外边太热了。而这时候，老祖母仍旧在上面守着门，它甚至连瞌睡都不打一下。如果你以为到了晚上或者深夜它就会休息的话，那你就错了，它还要防备着夜里的盗贼，像白天一样不放松警惕。它就是这样，似乎从来不休息。

在老祖母的精心守护下，一直到五月以后整个蜂巢都是安全的。如果这个时候蚊子来抢巢的话，老祖母就会对它还以颜色，让它抱头鼠窜。但是这种情况从来没发生过，因为在明年冬季之前，蚊子还是躲在茧子里的蛹。

除了蚊子以外，这里还生活着许多其他的寄生虫。它们也很可能来侵占蜂巢。但是，在我对那个蜂巢长期的观察中，整个夏天都是那么安静、平和，从未有什么敌人前来骚扰。由此可见，那些暴徒对这位警觉的老祖母是多么畏惧。

第二章 黄蜂

我准备同我的小儿子保罗一起去参观黄蜂的巢。保罗眼力好，注意力集中，这对我们的观察非常有帮助。当时是九月，风和日丽，我俩一边寻找黄蜂的巢，一边欣赏着路边的美景。

忽然，小保罗发现了一个黄蜂的巢。他指着不远处激动地冲我喊："看！黄蜂巢，那边有个黄蜂巢，没错，我看得一清二楚。"我朝着他指的方向看去，果然，在前方大约二十码的地方有一个黄蜂巢。

我们小心翼翼地接近那个蜂巢，脚步放得很慢很轻，生怕惊动了黄蜂。黄蜂非常凶猛，要是惊动了它，很可能就会遭到它的攻击，那样的话就糟了。

我们在黄蜂的住所门边发现了一个裂口，这个裂口圆圆的，能放得下一个大拇指。这里一派繁忙景象，黄蜂们进进出出，飞来飞去，一刻也不肯停歇，非常热闹。

突然，我一不小心踩到了什么，发出了"噗"的一声。我

被惊出了一身冷汗，这才意识到我们的处境是多么危险。这些凶猛的动物脾气暴躁，如果靠它们太近，很容易激怒它们，受到攻击。于是，为了安全起见，我们决定暂时停止观察，但是我们记下了蜂巢的位置，准备太阳落山之后再去探访。到时候这些战士应该会全部回营，我们的观察也会更全面。

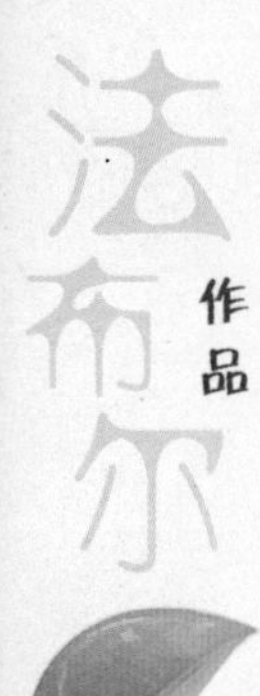

如果没有经过精心准备，就决定去黄蜂巢探险的话，那简直就是在冒险。我的装备是：半品脱的石油，九寸长的空芦管，还有一块有相当坚实度的黏土。这些装备看似简单，但是非常有用。除此之外，我还在前几次与它们打交道的时候积累了一些经验。

对我来说，还要掌握一门非常关键的技巧，那就是将黄蜂窒息的方法。不然的话，就要牺牲掉自己的皮肤，那是我不能接受的。瑞木特在观察黄蜂习性的时候，会把活的黄蜂的巢放入一个玻璃空间里。他并不是自己动手，而是雇用别人来干这件危险的工作。那些人为了得到优厚的报酬，不惜忍受着巨大的痛苦，牺牲掉自己的皮肤。但是，我是自己上战场，我可不打算毁掉自己的皮肤。

我经过再三思考才决定实施计划。那就是将蜂巢内的黄蜂闷住，使它们窒息。这样，它们的刺就不会对人构成威胁了。我手中能令它们窒息的武器是石油，因为石油的刺激作用很小。这个方法虽然很安全，但是也很残忍。

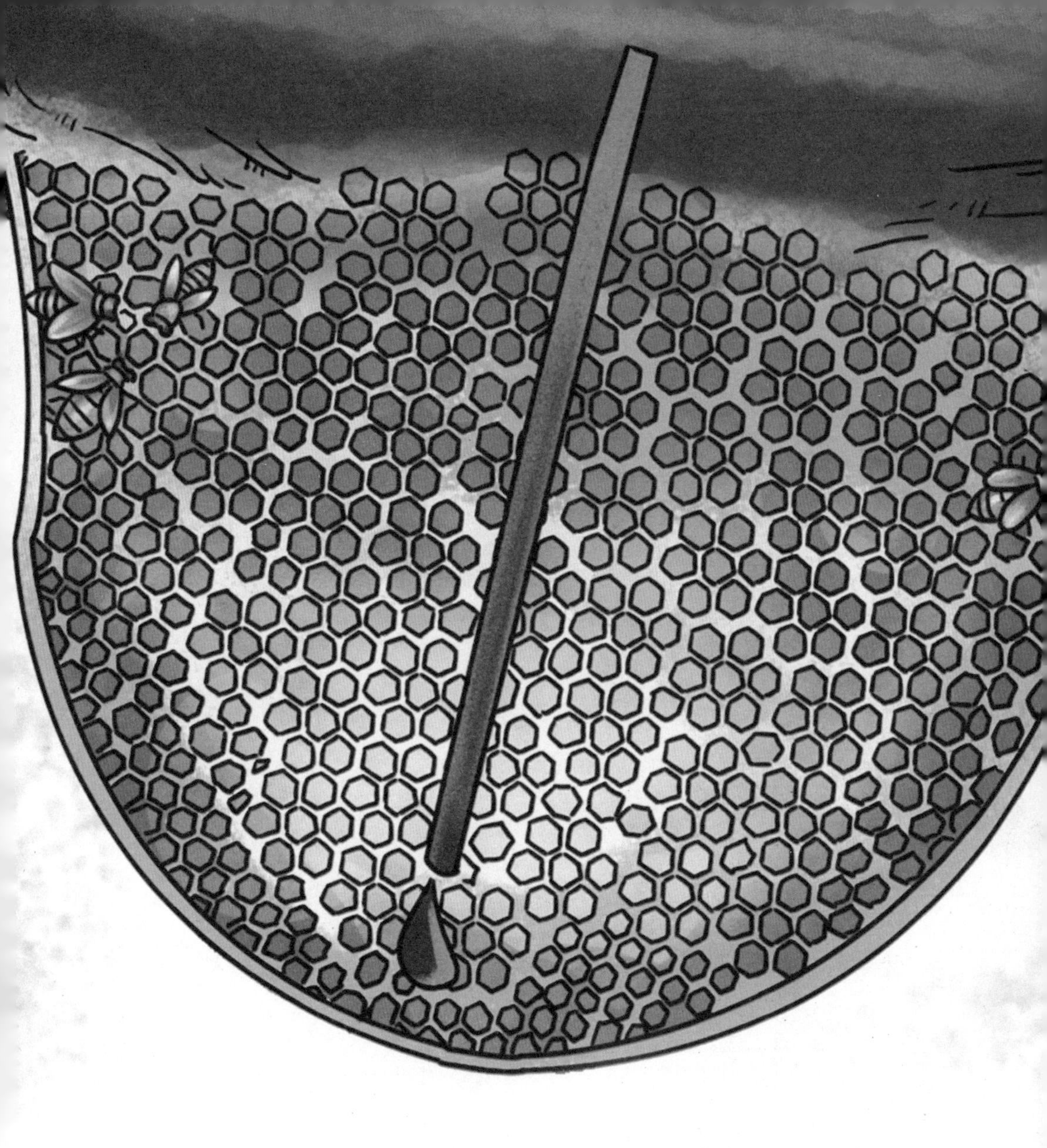

我不能让全部的黄蜂都死去，因为我还要观察它们。要是都死了，没有了研究对象，那前面做的工作就白费了。现在我要思考的问题就是如何将石油倒入蜂巢中。蜂巢内的通道大致与地面平行，一直通到地下的巢窠，长约九寸。如果你以为把石油倒在蜂巢的入口处就行了，那你就错了。因为泥土会吸走一部分石油，这样一来石油就无法到达地下的巢窠。试想一下，当你第二天兴冲冲地去挖掘蜂巢，并自认为很安全的时候，地下的那群黄蜂却早已是火上浇油，这将给你造成多么大的威胁。

为了阻止这种悲剧的发生，我准备了空芦管。它的长度与黄蜂巢窠中隧道的长度是相等的，都是九寸。当我把这根空芦管插入蜂巢的隧道中的时候，它就变成了一根自动引水管。会将石油迅速、一滴不漏地导入蜂巢。之后，再将事先准备好的泥土塞入蜂巢的入口，就像给瓶子塞上瓶塞一样，截断黄蜂的后路。至此工作就可以告一段落了，剩下的就是等待。

我们是在晚上九点钟去具体实施这项计划的。当时夜色昏暗，月亮若隐若现。小保罗提着一盏灯，我提着一个篮子，里面装满了我需要的工具。远处不时传来狗的叫声，路边的橄榄树上有猫头鹰在歌唱，躲在浓密草丛中的蟋蟀也不甘寂寞，不停地演奏着动听的音乐。小保罗对动物非常感兴趣，他向我提出了好多关于昆虫的问题，我一一做了解答，我们在动物的歌声中快乐地交谈着。这是一个多么美妙的夜晚，我早已将放弃睡眠和被黄蜂袭击带来的痛苦、担忧抛到了脑后。

将芦管插入土穴中并不是一件容易的事情，它还需要一些技巧。因为事先你不知道孔道向何处延伸，需要费一番工夫去试探。而且有时候，巢中会突然飞出一个门卫，毫不客气地去攻击你的手掌。为了防止这种事情发生，我们其中的一个人负责在一旁盯着洞口，若是有黄蜂飞出来，就挥动手帕驱散它。

有时候不可避免会被袭击到，尽管很疼，但是这个代价不算太大，还是可以接受的。

把石油全部倒入巢窠之后，不一会儿就从地下传来了一阵喧哗、骚动的嗡嗡声。我们迅速地把洞口用湿泥堵起来，为了以防万一，还用脚踩实。在确认黄蜂已经无路可逃之后，我和小保罗的工作就完成了。于是打道回府。

第二天清晨，我们又回到了这里。这次还带了一把锄头和一把铁锨。早一点儿去是一种明智的做法，因为可能有一些黄蜂晚上夜游，白天才回到巢中。如果被它们碰上你在挖它们的巢穴，你就完蛋了，它们会毫不客气地攻击你。另外，清晨气温低，可以“冷却”一点儿它们心头的怒火。

我们看到昨晚的芦管还插在蜂巢的隧道中。我和小保罗在蜂巢上面挖了一条壕沟，并分别向壕沟的两边挖。我们挖得很小心，很仔细，将土一点点地铲去。在挖了大约有二十寸深的时候，蜂巢露了出来。看到自己的努力得到了回报，我们非常高兴。

这个蜂巢有大南瓜那么大，看上去非常壮观，非常美丽。除了顶端与土穴连接以外，其余部分都是悬空的。蜂巢顶部有许多类似根的东西，它们能进入墙壁内，将蜂巢同墙壁紧紧地连在一起，非常结实。如果根植入的那个地方是一块软土，蜂巢就是圆形，各部分也非常结实、匀称；如果是比较硬的沙砾，根在植入的时候会遇到许多阻碍，比较困难。此时的蜂巢，就

不那么匀称了，什么形状都会出现。

在巢中的地下室旁边，往往会有一块空隙。这块巴掌大的空隙其实是一条街道，与通向外面的那条通道连着。辛勤的劳动者整天从这条街道上进出，它们不停地劳动，用自己的双手把家园建设得越来越美好，把巢穴建得越来越大，越来越坚固。在蜂巢的底下，还有一个更大的空隙。这个空隙的形状圆圆的，就像是一个盆。在蜂巢扩大的同时，这里也会跟着一起扩大。这个空隙的其中一个作用是盛放垃圾，是蜂巢中的垃圾回收站。没想到，蜂巢中的各项设施竟然如此齐全。

这个地穴是黄蜂的劳动成果，这是没有争议的。因为自然界的洞穴不可能这么大，同时又这么整齐。起初，这里可能是鼹鼠的洞穴，后来被黄蜂利用，数以万计的黄蜂把这里扩建、装饰成了一座美丽、壮观的建筑物。然而，你在蜂巢外不会发现有泥土堆积。那么，这些被黄蜂挖出的泥土去哪儿了呢？答案是这些泥土被黄蜂们扔弃到了野外。在修建这个洞穴的过程中，黄蜂用身体往外附带土屑，并抛撒到离巢很远的地方。于是，蜂巢看上去很干净，看不出一丝挖掘的痕迹。

黄蜂用来做巢的材料是木头的碎粒。从外表上看像一张纸，薄而柔韧。这些纸有时候是棕色的，有时候是其他颜色，这个因所用木料不同而不同。如何让蜂巢起到保暖作用呢？黄蜂们很聪明，它们没有用整张“纸”去做巢，尽管那样也会起到御寒的作用。它们是把巢做成宽宽的鳞片状，这些鳞片一片片立起来，使得整个巢像地毯一样厚厚的，很有层次感。巢的表面有许多小孔，这些孔内都是空气，黄蜂就是用各层外壳中的空气来保持温度的。当天气很热的时候，蜂巢外壳的温度也一定会很高。

黄蜂建巢的过程都是一样的，无论是在杨柳的树孔中，还是在空的壳层里。它们首先用木头的碎片做成纸板，然后把这种纸板一层层地包裹到自己的窠上面。因为包裹的方式是一层层的相互重叠，所以产生了许多空隙。这些空隙中有一些不流动的空气，于是就形成了保暖层。黄蜂的建巢行动有一个统一的指挥，那就是它们的首领大黄蜂。

黄蜂们的一些动作非常符合物理学和几何学的定律，比如：他们懂得利用空气这个不良导体来保持温度；它们早在人类之前就开始做毛毯，并且技艺高超；它们在巢内筑造的房间无论是材料还是占地面积都很经济。只需要小小的一块面积，就能建造出很多房间。

这些建筑家是如此的聪明，但是有一点却令人们感到奇怪。那就是在遇到一些小困难的时候，它们往往束手无策，显得很笨拙。一方面，它们身上有大自然赐予的本能，这些本能让它们像科学家一样工作；另一方面，它们除了本能之外，智力却相当低下，不懂得思考和反省。关于这一点，我做了大量实验来证明。

我家花园的路旁边正好有一个黄蜂的蜂巢。于是，我用一个玻璃罩做了个实验。这种实验我不可能在荒野里做，因为那些孩子实在是太顽皮了，很快就会把我的玻璃罩打碎，这个实验也就无法继续下去了。有一天晚上，看到黄蜂们都回家了，我便把玻璃罩罩在了黄蜂巢穴的入口处。我在猜想，当第二天黄蜂们发现出不去了会怎么办呢？它们会不会另掘一条出路呢？它们是掘土的高手，并且从里面出来只需要在玻璃罩边上掘很短的一条路。那么结果怎样呢？

第二天天气很好，阳光照耀下的玻璃罩闪闪发光。这些辛勤的劳动者排着队从地下出来，它们要去寻找食物。但是它们显然没想到会有障碍，只见它们一次次地撞到玻璃上跌落下去，又一次次地冲上来，丝毫没有气馁。它们在玻璃罩子里团团乱飞，有的见怎么也飞不出去脾气开始变得暴躁；有的干脆飞回了屋里；还有的进去休息一会儿之后又重新出来顶撞玻璃罩。它们

这样来回折腾着，却始终没有一只黄蜂想到在玻璃罩边缘挖出一条小路，寻找自由。这说明黄蜂的智力和应变能力非常低下。

就在这时，从外面飞回了几只黄蜂，它们肯定是昨晚在外面过夜了。它们围着玻璃罩团团转，在寻找着一条回家的道路。有一只带头的黄蜂决定沿着玻璃罩往下挖土，其他的黄蜂也纷纷效仿。就这样，在大家的努力之下，一条回家之路被打通了。外面的黄蜂欢天喜地地钻进了玻璃罩内，它们终于到家了。我赶紧将这条通道堵上。假设里面的黄蜂看到了刚才的一幕，它们就应该明白要怎样出去了。我想看一下它们能不能通过自己的观察和努力逃出玻璃罩。

我想，无论黄蜂的智力多差，它们现在逃出去都应该是没有问题的。因为那些刚刚进来的黄蜂已经指明了道路，它们肯定会从玻璃罩下挖掘地道，然后逃出去。

然而，事实让我很失望。它们没有从刚刚的成功上总结任何经验。现在玻璃罩里面的场面依旧混乱，它们还是在盲目地乱飞乱撞，丝毫没有要挖掘地道的迹象。玻璃罩中每天都有黄蜂死去，有的死于饥饿，有的死于高温。一个星期过后，整个蜂巢中的黄蜂全军覆没，无一幸免。地面上铺满了它们的尸体，十分惨烈。

为什么外面的黄蜂能进去，而里面的却出不来呢？原因是，黄蜂能嗅到自己的家，并想方设法回家。对它们来说，回家是

一种防御手段。这是它们的本能，是没有原因和解释的。它们一出生便知道世界上有许多障碍，为了返回到家的怀抱中，它们的本能会帮助它们克服一切障碍。

但是，对于那些被困在玻璃罩子中的黄蜂来说，上面提到的那种本能对它们起不到任何作用。它们的目标就是到阳光中去寻找食物。这个目标很简单、很明确。玻璃罩这个透明的监狱，将它们都欺骗了。它们透过玻璃看得见阳光，便以为自己是在阳光中。它们想离阳光再近一些，想飞得更远一些去觅食，便不断地向前飞去，于是就一次次地撞在玻璃上。它们越是出不去，希望就越强烈，与玻璃罩的搏斗也就越激烈。很显然，这种搏斗是不起任何作用的。它们没有任何经验和类似的遭遇来教它们该如何行事。它们别无选择，只能继续遵循固有的习性，渐渐地，希望越来越小，生命渐渐远去。

揭开蜂巢，你会在里面发现许多蜂房。这些小房间上下排列着，中间有根柱子将它们紧紧连在一起。这些小房子分好多层，具体层数不定。在季末大约会有十层，甚至更多。每个小房间都向下开口，在它们的社会中，幼虫无论进食还是睡觉都是头朝下倒悬着的。

这一层一层的楼被称为蜂房层，每层之间都隔着很大的距离。在外壳与蜂房之间有一条路，它能连接到蜂巢的各个部位。有许多守护者进进出出，它们的职责是照顾蜂巢中的幼蜂。蜂巢的门户矗立在外壳的一边，只是一个没有装饰的裂口，十分简陋。人们怎么也不会想到，这样简陋的门里头，居然藏着一个丰富多彩的大都市。

一个蜂巢中的黄蜂数量相当多。努力工作是它们生活的唯一主题。它们主要的工作就是扩建蜂巢，以便让新增加的公民能住得下。尽管它们自己不产幼虫，但是它们却给予了巢内的幼虫无私的爱和无微不至的关怀。

十月的时候，我把一些蜂巢的小片单独拿了出来。一是为了能够观察黄蜂的工作状况；二是想看一下它们对于即将到来的冬季有什么反应。我发现有许多卵和幼虫居住在这些巢的小片里面，大约有一百多只黄蜂精心地看护着它们。

我将蜂房切割开来，然后并排放着，使那些小房子的口都朝着上面。这样做的目的，是为了更好地观察它们。颠倒它们的生活状态看来并没有使它们感到厌烦。很快它们就习惯了新生活，并重新投入到忙碌的生活中去，就像什么都不曾发生过一样。

它们不可能停止筑巢，我给它们准备了一块软木头作原料。我还喂它们蜂蜜，还用一个大泥锅来代替它们的土穴，并用纸板做成一个圆形的东西来遮挡光线，使得泥锅内部非常昏暗。但当我需要观察它们的时候，我就会把纸板拿开。总之，我满足它们的任何需求。

黄蜂的生活还和以前一样，我对它们的这些骚扰都被它们

忽略了。工蜂们非常忙碌，往往要一边照顾蜂巢内的幼虫，一边筑巢。它们正在齐心协力地筑造一个新的外壳，来代替那个被我铲坏的外壳。它们的效率很高，没多久就筑起了一个屋顶。这个屋顶呈弧形，能盖住三分之一的蜂房。

我给它们提供的那根软木头，它们仿佛看不见，从来不去碰一下。那是我精心准备的，看来是出力不讨好。它们不习惯这种新材料，所以宁愿放弃，也不去使用。它们选用的是那个废弃的旧巢，既方便又顺手。因为那些小巢内含有纤维，可以直接拿来使用，不必再去辛辛苦苦地加工。还有就是，这种材料能使黄蜂省下大量唾液。黏合这种材料，只需少量唾液即可。无论从哪一方面来看，这都是一种相当好的建筑材料。

接下来，它们把那些闲置的小房间全部粉碎，然后利用这些碎物做成了一件类似天棚一样的东西。如果需要的话，它们可能会用同样的方法将天棚打碎，再建造出小房间。总之，它们灵活机动，不拘一格。

相对齐心协力筑巢来说，更有意思的是它们如何喂养幼虫。此时，它们的身份要来一个一百八十度大转变。刚刚还是刚毅的战士、辛勤的建筑工人，一转眼，它们就变成了体贴温柔的保姆。而刚才那个斗志高亢的军营、热火朝天的工地，一变身，就成了温馨宁静的育婴室，真是让人感觉妙趣横生。

蜂房里的宝宝又柔弱、又可爱，把它们照顾好可不是一件简单的事情，需要无微不至，还要有极大的耐心。通过细心地观察我们可以发现，一只正在忙碌工作的黄蜂，它的嗉囊里充满了蜜汁。它停在一个蜂房门前，用一种挺特别的姿势将头伸到洞口中去，然后把里面的小幼虫喊醒。它喊醒幼虫的方式很有意思，是用自己触须的尖儿轻轻地去碰幼虫。里面的幼虫感觉到之后，便微微张开嘴巴，样子像极了刚出生不久、嗷嗷待哺的小鸟张开嘴巴向母亲索要食物，非常可爱，同时不禁让人感到一阵温馨。

刚刚醒来的小宝宝左右摇摆着自己的小脑袋，迫切希望得到食物。这是它的本性使然，它可能是太饿了，盲目地探寻着外面黄蜂提供的食物。最后，它张开的双唇终于接触到了食物。“小保姆”嘴里流出一滴浆汁，流进了宝宝的嘴里。吃到了食物之后，小宝宝急切的心情总算平静了下来。对于它来说，这一滴就已经足够了。外面的工蜂又马不停蹄地跑到下一个嗷嗷待哺的幼虫那里去，继续履行自己的职责。

这种口对口的喂食方法，让小宝宝享受到了大部分的蜜汁。但是，它们还没享用完呢，进食并没有结束。幼虫在进食过程中胸部会暂时膨胀起来，一些洒出来的蜜汁就会滴到上面，就如同人在进餐时围在脖子上的餐巾。等喂食的工蜂走后，小宝宝会把刚才滴到胸部的蜜汁吮吸干净。它们仔细地舔着自己的颈根处，一点儿也不浪费。等到把大部分蜜汁都吞咽下去，确定不会再洒出来的时候，幼虫刚才隆起的胸部就会慢慢收缩进

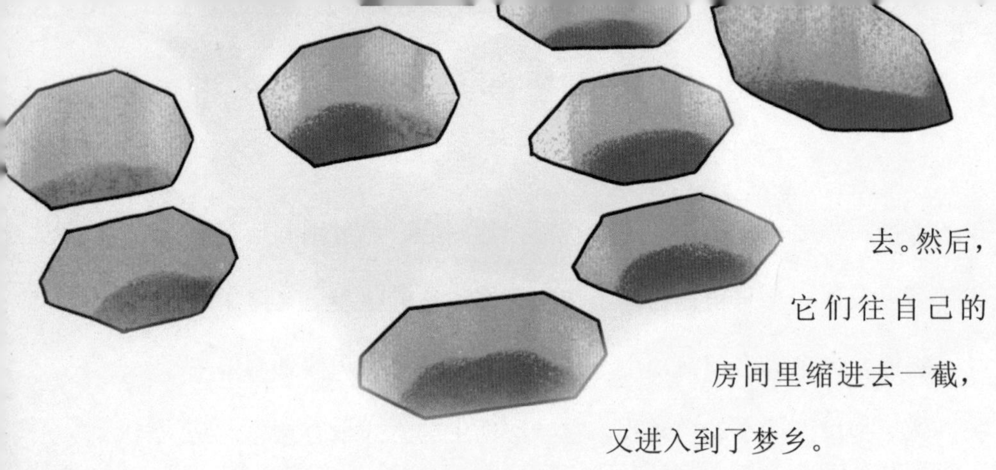

去。然后，
它们往自己的
房间里缩进去一截，
又进入到了梦乡。

我笼子里的蜂巢都是口朝上的，里面的小宝宝自然也是头朝上。这样，从它们嘴里漏出的食物自然是洒落到胸部上去。但是，自然界的蜂巢是开口朝下的，里面的小宝宝也是头朝下的。不过，我坚信，即使是头朝下，小宝宝隆起的胸部也会起到相同的作用，也会粘上从嘴中漏出的蜜汁，这是怎么回事呢？因为，在蜂巢中的黄蜂头都不是直的，而是略微弯曲的。因此，它们即使是倒立着进食，依然会把食物洒在胸部。这些蜜汁非常黏稠，会紧紧地粘在幼虫的胸部。就算是喂食的工蜂想给这个幼虫开小灶，把多余的蜜汁直接放到幼虫的胸部，也是有可能的。这么说来，无论幼虫在巢中头朝上还是朝下，隆起的胸部都会起作用。对于幼虫来说，这个围在脖子上的餐巾作用很大，就像是一个吃饭用的小蝶，东西不大，但是用起来非常方便、顺手，能给生活带来不少便利。而且它还有一个作用，那就是小宝宝可以靠它储存食物，以免吃得太饱，撑坏肚子。

幼虫并不是一年四季都喝蜜汁的。如果是在野外，每当到了年末的时候，大自然中的果品数量会非常少。这时候，苍蝇成了工蜂们喂食幼虫的首选。在喂食之前，苍蝇会被工蜂切碎。

在我笼子中的幼虫比较幸运，我不给它们提供其他的食物，只提供蜜汁，这是它们最喜欢的，也是最有营养、最香甜的食物。

这些蜜汁让工蜂和幼虫都变得精力旺盛。要是有什么不受欢迎的客人闯入的话，它们的结局将很悲惨，工蜂会将它们置于死地。很显然，黄蜂这种动物不喜欢有客人来访。它们从来不礼尚往来，更不允许别人随意乱闯它们的家园。有一种蜂叫拖足蜂，无论是形状还是颜色都酷似黄蜂。有时候它们会假扮黄蜂，去分享它们的蜜汁。可是黄蜂灵敏得很，一眼就识破了拖足蜂的伪装，立刻群起而攻之，直至拖足蜂被活活杀死。有的拖足蜂反应迅速加上逃跑及时，才能侥幸躲过黄蜂的追杀。由此看来，乱闯黄蜂的领域实在不是明智的选择。即使与黄蜂外表极其相似、动作举止几乎一样、工作内容大同小异，简直就可以说是黄蜂中的一分子，都是绝对不行的。黄蜂绝不会轻易放过任何不速之客。因此，面对黄蜂这种昆虫，

任何人、任何动物还是躲得远远的为好。

黄蜂的那种野蛮、残酷的待客之道，我已经见过不止一两次了。如果这位不速之客相当凶猛，很有杀伤力，那么在它被群攻致死之后，尸体会被黄蜂们一起拖到门外，扔到垃圾堆里。即使是面对非常凶猛的对手，黄蜂也不肯轻易使出自己的毒刺，还算是有点人情味。我曾经试着往黄蜂群中扔进一只锯蝇的幼虫，这个绿黑色的，像小龙一般的外来者引起了黄蜂们极大的兴趣。好奇过后，它们便发起进攻，把锯蝇的幼虫痛扁一顿。整个过程中黄蜂并没有使出毒刺，最后，锯蝇的幼虫被黄蜂们齐心合力拖出了蜂巢。但是，锯蝇的幼虫并不服输，不断地挥舞着双臂抵抗。最终，还是因为寡不敌众败下阵来。战斗结束了，锯蝇的幼虫浑身伤痕累累，沾满了血迹，被黄蜂扔到了垃圾堆上。尽管这只是一只锯蝇的幼虫，但是这场战斗很激烈、很艰辛，耗时整整两个小时。

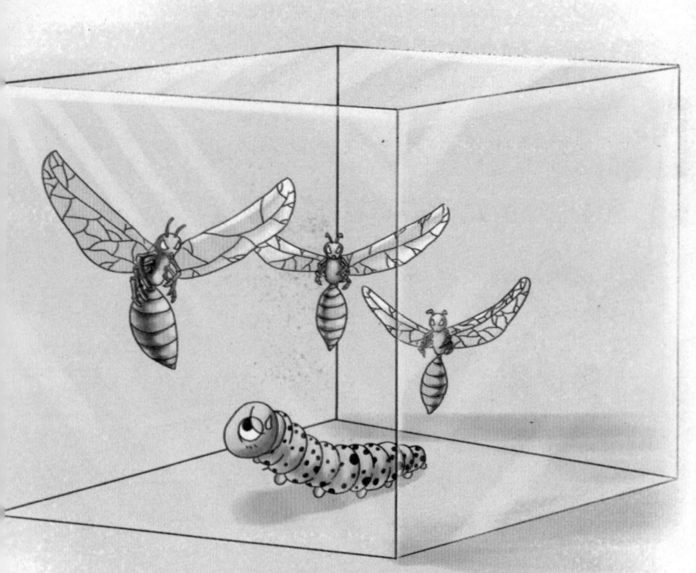

假如我想给黄蜂们出点难题，比如往蜂巢中放的不是弱小的幼

虫，而是一种比较魁梧的幼虫，那会出现什么情况呢？我找了一种住在樱桃树孔里的幼虫，这种幼虫比较强壮，比前面的那只幼虫要魁梧很多。我把它扔到了蜂巢中之后，立刻有五六只黄蜂上来与它搏斗。这些黄蜂见这只幼虫比较难对付，便纷纷使出毒刺。被黄蜂的毒刺一针针地扎在身体上之后，没过几分钟，这只幼虫便一命呜呼了。这时，又产生了一个新问题，那就是这具笨重的尸体该如何处理。尸体太沉，黄蜂们无法将其移出巢穴。因此，它们便去吃这只幼虫，减轻尸体的重量，直到发现能拖动为止。然后，将吃剩的部分拖出去，扔到垃圾堆上。

黄蜂们如此团结而又勇猛地抵御着外来入侵者，再加上我精心提供的蜜汁，外部环境和内部环境都得到了很好的保障。巢内的幼虫可以茁壮地成长，黄蜂的家族也越来越兴旺。不过，事情并非都这么一帆风顺。蜂巢内一些非常柔弱，或者运气不好的幼虫会早早夭折，它们甚至还没有见过天空，没有沐浴过阳光。

经过仔细观察，我亲眼见证了那些柔弱的幼虫是怎样一步步走向憔悴、死亡的。关于这些，再也没有比它们的保姆知道得更多的了。这些工蜂用触须怜爱地触摸着幼虫，最后不得不面对现实，那就是这些幼虫已经无药可医，无法挽留了。然后，它们将这些可怜的宝宝慢慢地拖出，无可奈何地扔到了巢外。黄蜂的社会充满了野蛮的气息，重病患者都不过是一些没用的垃圾而已，处理要越快越好，免得传染别的成员。不然的话，

后果将十分可怕。还有比这更糟糕的，那就是冬天要来临了。冬天对于黄蜂们来说，无疑就是世界末日。

到了十一月，天气将变得非常寒冷，此时，蜂巢内的情形也不同于以往。蜂巢内不再一片繁忙，黄蜂们也不再辛勤劳作，往日热火朝天的筑巢场面不见了，飞来飞去储蜜的繁忙身影也不见了。饥饿的幼虫张大了嘴，但是它们却等不到食物，或者偶尔能得到一点点救济品。以往贴心、勤奋的小保姆也没有了热情，都懒得往这里跑了。这些小保姆的心被一种深深的焦虑占据着，它们知道，用不了多久一切就将不存在了。不久之后，饥饿的阴影笼罩了整个蜂巢。同时，噩运也降临到幼虫头上。它们被活活地杀死，刽子手竟然是那些昔日里对它们悉心照料的小保姆。这真是让我觉得有些不可思议。

这些小保姆是怎样想的呢？很简单，它们想，不久之后自己便会死去，到时候这些幼虫将无人照料，最终只能活活饿死。与其被饥饿活活折磨死，不如死在它们自己手中。尽管很残忍，但是长痛不如短痛。

说干就干，接下来工蜂便展开了一场大屠杀。它们凶残地咬住小幼虫的后颈，使劲将它们从小房间里拖出来，扔到巢外的垃圾堆上。整个过程非常粗暴、残忍，让人不忍心去看。

那些工蜂，也就是幼虫昔日的保姆，仿佛不认识那些幼虫，对待它们像对待陌生的入侵者一样无情。它们从小房间里面往外拖幼虫时，仿佛拖的不是自己昔日的宝贝，而是一具具尸体。它们冷漠地拖着幼虫的尸体，甚至还会将它们撕碎。这些工蜂还会把一些小卵撕扯开，然后将其吃掉。

大屠杀过后，刽子手仍然苟延残喘地活在世间，但是看上去都无精打采。我想知道这些工蜂最终的结局。带着这份好奇，我每天都地观察着它们。结局非常出人意料，它们仿佛在一瞬间全死掉了。有的工蜂钻出蜂巢之后便跌倒在了地上，仰面朝天，再也没有爬起来，如同触电了一般。每个动物都有自己的生命周期，黄蜂也不例外，它们被自己的生命周期无情地扼杀了。但这又有什么办法呢？就算是一只手表，当它发条走完之后，也会停止转动。

蜂巢中的工蜂老的老、死的死，但是母蜂却不一样。母蜂的出生日期比其他黄蜂都要晚，因此它们也是最年轻、最强壮的。所以，当严寒逼近、严冬来临的时候，别的黄蜂都顶不住了，只有母蜂能抵抗一段时间。至于这些黄蜂中哪些是走向暮年，

垂垂老矣的，从外表上一望便知。有的黄蜂背上粘着尘土，若是在它们年轻的时候，这绝对是不可能发生的。年轻的黄蜂一旦发现自己身上有尘土，便会不停地拂拭，一直到身上那件黑色和黄色的外衣清洁、光亮为止。然而，当它们老了、有病了，就不再去拂拭自己的衣服了，认为那已经没什么意义了。它们更多的是停留在阳光中，一动也不动，慢慢享受最后的温暖。即使是偶尔动一下，也是很迟缓的踱步。

这样不再在乎自己的外表，并不是什么好事情。过不了几天，这个蓬头垢面的家伙，就会最后一次离开自己的巢。它之所以来到外面，主要是想在临死之前再享受一下阳光的温暖。突然，它跌倒在地，再也没有爬起来。尽管蜂巢是自己的家，是自己最热爱的地方，但是它们绝对不会死在巢里。这是为什么呢？因为黄蜂都遵循着一条不成文的“律例”，那就是绝对保持蜂巢内的干净整洁。因此，它们不能死在自己房间里，变成一堆垃圾，而是要自己解决自己的葬礼。它们往往会把自己跌落到土穴下的垃圾堆里。这些“律例”代代相传，活着的黄蜂将来也要遵守。

尽管我的屋子里依旧暖和，我依旧还提供蜜汁，但是笼子里却一天天空了下来。到圣诞节的时候，里面只剩大约十二只雌蜂了。到一月六号我再去观察的时候发现，就连这些母蜂也全部死掉了，我的笼子彻底空了下来。

我没有让它们挨过饿，也没让它们挨过冻，更没有不让它们回家，那么它们为什么还是死了呢？这种死亡从何而来？

我想这不应该怪罪于我将它们囚禁，因为在野外的黄蜂身上，也会发生这种事情。年底的时候，我多次去野外观察黄蜂，也发现了这些问题。成群结队的黄蜂，接二连三地死去。它们的死因不是意外事故，不是疾病摧残，也不是受某种天气的影响，而是一种命运，是无法躲避的命运把它们的生命带走了。对于人类来说，这并不是一件坏事。设想一下，一只母蜂会繁衍出一座三万人口的城市。假设它们都不死去的话，这将演变成一场人类的灾难。到时候，野外就成了黄蜂的王国，没人敢踏进半步。

到最后，蜂巢也将毁灭。一只普通的毛虫、一只赤色的甲虫，或者是其他的幼虫，都有可能是蜂巢的毁灭者。巢中的地板会被它们锋利的牙齿咬碎，其他的住房也会相继坍塌毁坏。到最后，除了几把尘土和几张棕色的纸片以外，什么也留不下。

等到来年春天，黄蜂们又活跃起来。它们充分利用废物，白手起家，建起自己的家园。在这个过程中，它们天才般的建筑天赋和高超的建筑技艺将得到充分的展示。黄蜂们的生活又回到了最初的起点，一切从零开始。它们家族庞大，约有三万居民，共同住在坚固的、崭新的城堡里。它们在这里繁衍生息，抚育小宝宝，抵御外来入侵者，为自己的劳动成果和家族的安全而战，在蜂巢内过着团结和睦的快乐生活。

第三章
赤条蜂

法布尔作品

赤条蜂的身材从它的名字上也能看出几分。它的腰很细，身材玲珑，肚皮是黑色的，上面围着一丝红腰带。

赤条蜂喜欢把巢穴建在小路边，或者是太阳照耀着的泥滩上。它对土壤的要求是疏松，容易钻透。知道了这些，在四月里的春季我们就能很容易地找到它们。

赤条蜂的巢穴像一口井一样，是一个垂直的洞。洞大约有两寸深，直径有鹅毛管那么粗。有一个独立的小房间建在洞底，是专门用来产卵的。

它建巢的时候一点儿都不

兴奋，看上去慢慢的、懒懒的，仿佛是在做一件无关紧要的事情。它掘洞用的工具同其他蜂一样，都是用腿和嘴。如果它在洞里碰到什么难题，比如遇到了一颗很难搬出来的沙粒，我们就会听到洞里传出尖利、刺耳的摩擦声，那是它的身体和翅膀剧烈振动发出的。每隔十几分钟，透过我家的窗户就会看见嘴里衔着建筑垃圾的赤条蜂飞出洞穴，将垃圾扔到几寸以外的地方。它会时刻注意保持洞口的整洁干净，所以绝对不会将垃圾随意堆在门口。

赤条蜂把洞穴挖好以后，就会到小沙滩上寻找沙粒。它把选好的沙粒堆放到洞口附近，以备日后不时之需。这些沙粒并不是随便找的，还要符合一些条件。如果在小沙滩上没有找到符合自己要求的沙粒，它便飞到别的地方去找，直到找到为止。

它需要什么样的沙粒呢？这些沙粒又有什么用途呢？它需要的沙粒必须是要比洞口稍大，并且是扁平状的。因为它要用这颗沙粒来做一扇门，盖在洞口上。这个洞口盖上沙粒后非常隐蔽，只有赤条蜂自己才能找得到。你从外面看，这颗沙粒和别的沙粒没有任何区别，你绝对不会想到在它底下还藏着一个洞，还藏着一个赤条蜂的家。

第二天，我见赤条蜂从外面带着自己的战利品回来。那是一条毛毛虫。它不紧不慢地打开门，把战利品放进了洞里。然后，便开始在这只毛毛虫身上产卵。它关门用的不一定就是它回来的时候盖在洞口的那颗沙粒，它在门口附近藏了不少这样的沙

粒。这个奇异的沙粒门让人不禁想起《阿里巴巴与四十大盗》中“芝麻开门”的故事。

被赤条蜂猎取的这只毛毛虫是一种灰蛾的幼虫。这种幼虫一生的大部分时间都是在地下度过的，那它又怎么会被赤条蜂抓住呢？让我们来看一下。有一天，我散步归来，偶遇了一只赤条蜂。当时它正在一丛百里香底下忙碌着什么，为了避免把它吓跑，我悄悄地在它附近的地方躺下来。它对我非常警觉，飞到了我的袖子上。在那待了一会儿之后，可能发现我没有恶意，便又飞回到百里香丛中继续刚才的工作。我知道它忙得很，根本没工夫搭理我。

百里香根部的泥土被赤条蜂挖去，周围的小草也被拔掉，它还把头钻进刚刚弄松的土壤里。它从这里飞到那里，看上去非常忙碌。每一条地缝它都要伸进头去张望一番。它如此忙碌，并不是为了给自己找一个好巢穴，而是在寻找猎物，就像猎狗在满山的洞里找野兔一样。

地下的灰蛾幼虫觉察到了上面的动静，它没有选择躲在洞里，而是决定到地上去看一看到底发生了什么事情。在它做这个决定的时候，它也同时决定了自己的命运。赤条蜂做完该做的事情之后，就在地上等着灰蛾幼虫出现。等它一露头，赤条蜂就迅速地冲上去将它抓住，然后用刺在毛虫后背上的每一节都刺一下。整个过程非常熟练，赤条蜂就像一个大夫做手术那般沉着、冷静。

对于灰蛾幼虫身上的神经系统，赤条蜂非常熟悉。它甚至知道扎哪些神经中枢可以让战俘失去反抗，但是不会致死。这些技巧令医学家们都惊叹不已。那么，它是怎样知道这些知识的呢？又是谁教给它的呢？我们人类所掌握的自然科学知识都是逐渐积累得来的，有的是通过看书，有的是通过学校和老师的教育。可是赤条蜂没人教它，而且无须经过练习，第一次捕捉灰蛾幼虫它就能非常熟练地应用这项技术。难道是有神灵在它们出生之前就赐予了它们这种本领吗？这让我们不得不感叹大自然的神奇。

我还亲眼看到了另一幕赤条蜂与毛毛虫之间的故事。那是五月的一天,在一条整洁的道路旁边有一只正在忙碌的赤条蜂。它当时正在忙着清扫巢穴，清扫完之后，就可以搬进去住了。有一条已经被麻醉的毛毛虫躺在距离它几码远的地方，它清扫完通道之后，又把洞口开得能够让毛毛虫通过那么大。干完这些工作，它就去往洞里搬运毛毛虫。

当它去搬运毛毛虫的时候，它发现事情变得很糟糕。原来是一群蚂蚁发现了这条毛毛虫，此时正在打它的主意呢。赤条蜂不愿意跟别人共享这条毛毛虫，但是权衡了一下双方的实力之后，觉得自己不是这群蚂蚁的对手。它觉得没有必要做无谓的牺牲，就决定放弃，并去重新觅食。

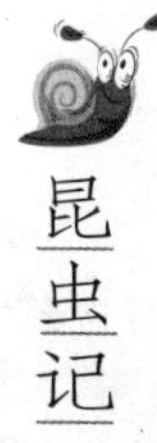

赤条蜂像一名士兵在探测地雷一样，一步步地走着，仔细地观察着脚下的泥土。在距离巢穴十尺以内的地方，它这样走了大约三个小时。当时烈日炎炎，气温很高。可见，找到合适的毛毛虫是多么的困难，找不着的时候又是多么的急人。

这份工作即使对人来说，也非常困难。我忍不住想要帮它一把，一是看它平白无故被抢走战利品，有点可怜它；二是我想观察一下，它是如何用针将毛毛虫麻痹的。

这时我想起了法维，决定让他帮忙。他是我的老朋友，同时还是我的园丁，负责帮我照顾花园。

“快过来，法维。”我冲着他说，“帮个忙，帮我弄几条灰色的毛毛虫。”在我向他解释了用意之后，他马上动手帮我寻找。我非常相信他，因为这些年来，他一直是大家公认的最出色的园丁。只见他一会儿去翻莴苣根部的泥土，一会儿去耙草莓里的泥，忙得不亦乐乎。

过了好久之后，他还是一无所获。

“老伙计，你找的毛毛虫呢？”

“对不起，先生，我一条也没找到。”

“怎么会这样呢？现在你把克兰亚、爱格兰他们都喊过来！我们一起找毛毛虫。”

就这样，我们全家都投入到寻找毛毛虫的行列中。整整三个小时过去了，结果是一无所获，谁也没有找到毛毛虫。

这个时候再去看赤条蜂，它同样还是没有找到自己想要的东西，此时的它已经非常疲倦，但是依然坚持着在地缝中寻找。它使出了浑身解数，就连像杏仁一样大的泥块都被它搬开了。不久之后，它离开了这个地方，飞往别处。我开始琢磨，为什么赤条蜂会在这里下这么大的力气，然后又如此绝望地离开？我怀疑它在这里发现了毛毛虫，可是因为埋得太深，它始终无法将其挖出来，便泄气地离开了。我早就该想到毛毛虫会把洞挖得很深，以此来躲避赤条蜂的迫害。赤条蜂是一位经验丰富、技术高超的狩猎者，它会像我们一样盲目地寻找毛毛虫吗？当然不会，那对它来说是浪费精力。

赤条蜂又转移了战场，可是不久之后就出现了和刚才同样的情况，它又将这个战场放弃。我决定不放弃对它的帮助，继续完成它没有完成的任务，那就是沿着它刚才挖的方向继续挖下去。我用一把小刀挖了大半天，可是一无所获。

正当我要放弃的时候，那只赤条蜂又飞了回来，并沿着我挖的地方继续往下挖。我明白了，看着我给它开创了这么好的条件，它又恢复了对这个地方的信心。

赤条蜂那副样子仿佛在对我说："你真是个笨家伙！让我来告诉你这里到底有没有毛毛虫！"

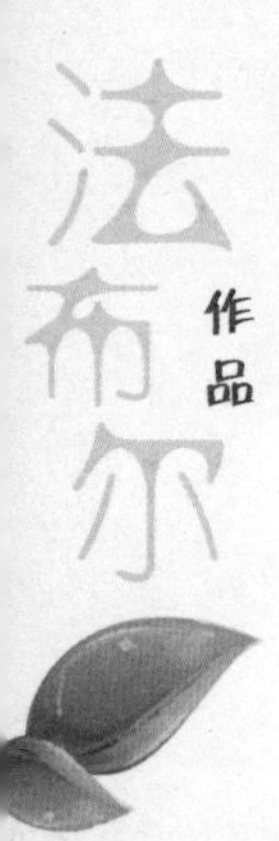

受到指点后，我更加坚信这里肯定有毛毛虫。果不其然，没挖一会儿，我就挖出了一条毛毛虫。真是太好了，付出终于有了收获，赤条蜂果然没有让我失望。

按照这种办法，不一会儿我又找到了一条毛毛虫，接着是第三条、第四条，每次出手都能有收获。这个时候我注意到，赤条蜂挖掘的地方都是几个月前它松过土的地方，这些地方有点光秃秃的。除此之外，我再也找不出有什么记号标明地下藏有毛毛虫了。大家都无话可说，因为他们不停地挖了好几个小时，却一无所获，而我在赤条蜂的指点下，不一会儿就挖到了好多。我为自己能够了解赤条蜂感到欣喜，同时也为赤条蜂没有辜负我的信任而感到高兴。我们虽然没有语言上的沟通，却凭着默契的配合，获得了一堆丰盛的"战利品"。

我已经帮助赤条蜂挖出了四条毛毛虫，第五条我要留给它自己去挖。当时我就躺在一边，看着它在我的眼前工作，所以它的一举一动都没有逃过我的眼睛。下面就是当时发生情景的记录。

赤条蜂迅速用嘴咬住了毛毛虫的颈部，毛毛虫感到了疼痛，身体剧烈地扭动，试图挣脱。赤条蜂很冷静，它退到一边，躲避着对方的冲撞。毛毛虫的头和第一节相连的地方，是它身上皮肤最嫩的地方。赤条蜂的第一针便是刺向这里，这一针非常重要，一下子就制伏了对手。

取得了胜利的赤条蜂突然从毛毛虫身上跌落，在地上剧烈地扭动，腿不停地抖动，翅膀不停地拍打，像快要死去一样痛苦。我在一旁看得莫名其妙，以为它被毛毛虫攻击到了，生命眼看就要结束。想起刚才我们还是好搭档，而它现在就将死去，我心里不由升起一股莫名的惆怅。出人意料的是，当我还在为它感伤的时候，它突然又恢复了正常，抖抖翅膀，理理须发，又大摇大摆地回到毛毛虫旁边。原来刚才它那不是受伤，而是在庆祝胜利。

赤条蜂跳上了毛毛虫的背部，紧紧地抓住毛毛虫，把针扎进它第二节身体里，然后是第三节、第四节，一直到最末节。毛虫的身上一共有九节，这就说明赤条蜂需要在它身上扎九针。毛毛虫的身体，有的节上有脚，有的节上没有脚，不过这些都不会对赤条蜂构成什么威胁。因为在第一针扎下去以后，毛毛虫的抵抗力就所剩无几了。

最后，赤条蜂用钳子一般的嘴巴钳住了毛毛虫的头，这需要它把嘴最大可能地张开。之后，赤条蜂慢慢地将嘴合拢，轻轻地压下，尽量不使毛毛虫的头受伤。每往下压一次，赤条蜂

都会停下来观察一下毛毛虫的反应。就这样，一压一停，反复进行。做这样的动作的时候当然得小心，否则毛毛虫就一命呜呼了。那么赤条蜂为什么会担心毛毛虫死去呢？这让人觉得很奇怪。

对于赤条蜂来说，把毛毛虫拖进洞里去之前的任务已经全部完成了。这条毛毛虫现在瘫痪在地，纹丝不动，不过还没有死去。此时的它已经处于昏厥状态，任凭赤条蜂把它推进洞里去，无法做出半点反抗。这个状态下的毛毛虫自然不会弄破赤条蜂在它身上产下的卵，也不会威胁到这些卵孵化出的幼虫了。这就是赤条蜂为什么要给它实施麻醉的原因，那就是让它老老实实地给自己的幼虫当食物。如果把毛毛虫弄死的话，岂不是更安全吗？不行，如果毛毛虫是死的，还没等卵孵化出来，尸体就开始腐烂了。只有毛毛虫是活的，才能保证自己幼虫孵化出来之后能吃到新鲜的食物。所以，赤条蜂会把毛毛虫的全部神经枢纽都用针去破坏掉，让它丧失行动能力，但是不会死去。看到这里，我们不得不佩服赤条蜂的周到。这样周到的行为还有好多，比如说，赤条蜂把毛毛虫全身弄瘫痪，唯独头没有受影响。当它在被拖着走的时候，会用牙齿去咬住路边的草，给赤条蜂带来一些麻烦。所以，一不做二不休，赤条蜂用上面提到的方式，不断地压榨它的头部，直至它失去知觉，变得混沌。这一次赤条蜂为什么没有用针去刺对方的头部呢？很简单，如果用针去刺头部的话，毛毛虫会被一下子刺死。这显然是赤条蜂不愿意看到的。

我们在佩服赤条蜂的同时，也为毛毛虫感到可怜。它被赤条蜂折磨得求生不得，求死不能。不过，农夫可不会觉得它可怜，因为毛毛虫对于农作物和花草来说是一场噩梦。它们白天看上去很老实，总是躲在屋子里睡大觉，一到了晚上就变得精神十足，专门去咬植物的根和茎。无论是花草还是蔬菜都无一幸免，全被它们当做了美餐。有时候你会发现，昨天还好好的幼苗，到了今天就枯萎了。你把它全部拔出来便会发现，它的根部已经受了伤。很明显，昨天晚上强盗来过，这棵幼苗被为非作歹的毛毛虫咬伤了。可以看出，这百分百是一种害虫，只要它们光顾菜园，就不可避免地要造成破坏。赤条蜂是在为民除害，当你想到毛毛虫无恶不作的时候，就不再会对它产生同情了。

第四章 捕蝇蜂

黄蜂是如何建巢，赤条蜂是如何寻找和猎取毛毛虫的，这些我想读者们都知道了。不过，并不是每一种蜂都像它们一样生活。相比别的蜂来说，捕蝇蜂最大的特点就是它每天都会捕捉新鲜食物来喂它的孩子。

这种蜂会在泥土最疏松的地方建巢，还要有明亮的阳光，并且能看到天空。它们有时候出没在广场上，那里光秃秃的，没有任何阴凉。我就在那里展开对它们的观察。天气实在是太热了，让人恨不得找个洞钻进去，我也不得不为自己准备了一把伞。如果谁有兴趣想看一下捕蝇蜂的有趣生活，那就请到我这把伞下面来吧！

一只捕蝇蜂飞过来停在了我的面前。它降落的样子很果断，但是我却看不出它停留的那个地方有什么特殊。它用自己后面的四只脚支撑身体，前面的两只脚工作。有一排排的硬毛长在它的前腿上，既像是刷子，又像是扫帚。它就是利用这把扫帚把沙子归拢到一块，然后推向身后的。它工作的时候非常麻利，效率非常高，身前的沙子不断地被它抛到身后七八寸以外的地方。这种尘土飞扬的忙碌大约要持续 5 ～ 10 分钟。

沙子中往往掺杂着一些杂物，比如木屑、烂叶等。这些杂物被捕蝇蜂在扫沙的过程中用嘴一一挑选了出来，这也是它最重要的一项工作。它扫沙的目的就是为了将其中的杂物过滤出来，将普通的沙子过滤成“精沙”。它这样做的目的是为了进出洞穴方便，以后当它捕猎归来的时候就能很轻易地将猎物拖入洞穴中。这项工作它并不是只在筑巢之前做，日后也会经常做，不过都是在它有空闲时间的时候。譬如，它已经储备了足够多的食物，不用再忙着出去采集，那时它便会拿出时间来清扫垃圾。在这一点上，它就像一个家庭主妇。当它在劳动的时候，总是非常快活。它为什么这样高兴和满足呢？可能是看到家庭和孩子在自己的精心管理下井井有条，作为母亲而感到自豪吧！

母蜂扫沙的地方不是随便乱选的，看它那停落时的毫不犹豫，我便猜测地底下有一个巢洞。我用一把小刀从母蜂所处的位置向下挖去，果不其然，发现了一条隧道。顺着隧道我又找到了一间小屋。这条隧道对于捕蝇蜂来说不算窄，有一个手指头那样粗。长度大约是 8 ～ 12 寸。那间小屋也不算小，能放得下三个胡桃。我们还在这个屋里见到了主人和它的一只卵。这只白色的卵没有其他兄弟姐妹，显得孤零零的。它大约会在

二十四小时之后孵化出来，变成一只小虫。捕蝇蜂母亲已经把食物都准备好了，就是死蝇。

这只死蝇只能让捕蝇蜂的幼虫吃两三天。这两三天中，捕蝇蜂虽然没在洞里，但是并没有离开太远。它一直在家的附近守护，饿了就去花蕊中采点蜜吃，无聊的时候就躺在沙地上晒晒太阳。尽管它在外面待着，但是洞里的情况也在它的掌握中。比如它能准确地算出洞里的食物还够幼虫吃多久，这可能是作为母亲的本能吧。每次它进洞的时候，都是在幼虫眼看就要把食物吃完的时候。这种地下巢洞非常隐蔽，从外边看跟周围沙地没什么区别。但是母蜂总是能找到，不需要在门口做标记或者记号。它每次回来都不忘给儿女准备一份大礼，那就是一只大蝇。它将礼物放下之后，自己就掩门而出，不在房间内停留。随着幼虫的长大，它需要的食物也越来越多，往里面送食物的频率也越来越高，之间的间隔也越来越短。所以捕蝇蜂需要提高效率，不然的话，孩子就该挨饿了。

这样的喂食一共持续了两个星期，这期间幼虫会迅速成长。第一周内它的食欲越来越好，进食越来越多。等到第二周的时候，捕蝇蜂的幼虫已经变得非常肥胖，捕蝇蜂觅食的工作量也变得非常大。就这样，直到幼虫能够自己捕食，捕蝇蜂才停止对它的食物供应。我算过，一条幼虫从出生到开始自己捕食，这期间捕蝇蜂要喂它 82 只蝇。

捕蝇蜂的这些行为让我觉得奇怪。它为什么不像其他同类那样，事先在洞内储藏好足够的食物呢？这样就不用自己一次次地来回奔波了。它可能是担心死后的蝇不能放太长时间，容易腐烂吧。那它为什么不学一下赤条蜂，把猎物麻痹，而不是杀死呢？我觉得蝇与毛毛虫有很大的区别，蝇的身体更柔软、更薄弱，放不了多久就会变成一张死皮。所以，捕蝇蜂只能捕捉新鲜的食物来给自己孩子吃。还有一个原因就是蝇不像毛毛虫那样笨拙，赤条蜂有足够的时间去从头到尾麻醉毛毛虫，而蝇却非常敏捷。所以，捕捉它需要更加敏捷。再说了，不把蝇弄死，很容易让它半路上逃跑了。所以捕蝇蜂还是选择用自己的爪子、嘴巴和刺，果断地将蝇杀死。

捕蝇蜂具体是怎样捕捉苍蝇的呢？当时我也不知道，因为它们总是飞到距离洞穴很远的地方去捕食。后来，一个偶然的机会让我目睹了这一幕，总算是破解了这个谜团。那一天天气非常炎热，我撑着一把伞坐在广场上。一些马蝇也来凑热闹，躲在伞下分享阴凉。它们停留在伞的骨架上，往下俯视着我。我闲得无聊也抬起头来与它们对视。它们的眼睛大大的，呈金色，像宝石一样闪闪发光。它们并不是一动不动的，当太阳晒到它们身上的时候，它们就移到没有被晒到的地方去。

昏昏的太阳让我直犯困，我在伞下打起了瞌睡。只听“砰！”的一声，我被惊醒了。

“什么东西?”我抬头看去。

不知道什么东西撞到了伞上,像是落到绷紧的鼓面上一样。

“砰——”这种声音连续传来。是树上掉下的果子,还是淘气的孩子朝我扔东西?

我站起来朝四周巡视了一圈,广场上空无一人。就在这时,那种声音又出现了。我离开我的伞荫,四处巡视了一下,什么也没发现。这时,那种声音又响起来了。我抬头去看伞,终于明白了,原来是捕蝇蜂。是停在我伞上的马蝇引来了大量的捕蝇蜂,它们当然不可能放过这些美餐。鹬蚌相争,渔翁得利,我就在一旁不动声色,静静地观察。

这种撞击声每隔十五分钟发出一次,因为大约每隔十五分钟就会飞来一群捕蝇蜂。它们猛烈地向伞上撞去,并在伞上同马蝇展开一场大战。这场大战十分精彩,双方实力不相上下,看不出谁占上风。不过,这场战斗很快就会分出胜负,不会持续太久。不一会儿,捕蝇蜂就带着自己的猎物飞走了。即使是大敌当前,兵临城下,那些马蝇也还是待在那里不动。其实它们一点儿都不愚蠢,外面的天气那么热,出去也会被晒个半死。与其现在出去被晒死,还不如在这里再待段时间,说不定捕蝇蜂不会来了。

让我们转换镜头去看一下捕蝇蜂吧,现在它正带着战利品飞回自己的巢洞。在快要到家的时候它发出了一种嗡嗡的声音,

仿佛为回到家感到高兴。但是这种声音非常尖锐，听上去有一种凄凉的感觉，让人弄不明白它想表达什么。直到安全降落到地面，它才让这种声音停止。降落之前它在空中盘旋了几圈，看看地面有没有危险。它可能发现了什么可疑物，忽然放慢了飞行速度，在忽上忽下地变向飞行之后，它像一只箭一样蹿了出去。它为什么不敢降落呢？这个谜底将会在后面揭晓。没过一会儿，它又飞了回来。同样，在天上盘旋几周之后，它可能发现已经安全了，便慢慢地降落到地面上。

它降落的时候似乎很随意，我原本以为它降落之后还要寻找自己的家门呢。没想到，它正好降到了自己的巢洞上面，不偏不倚，丝毫不差。它扒开前面的沙，用头一顶，就像掀开门

帘一样，拖着猎物进了洞穴。进门后的第一件事就是把门堵上，就像人们说的随手关门一样。像这样进门的场景我见过很多次，但是我一直搞不清楚它们是如何在茫茫大地上一眼就找到自己家的，并且能直接停在隐蔽的门洞旁边。

捕蝇蜂并不是每次回巢都会在巢的上空盘旋，我们看到的那一次碰巧是它发现自己的巢洞周边有危险，发出的那种尖锐的声音也是为此感到的担忧。这种声音只在它面临危险的时候才会发出。那么这种危险到底是什么呢？原来是一种小小的蝇。说来让人不可思议，捕蝇蜂是蝇的天敌，就在此刻它的足间还抓着一只大个的马蝇。那为什么它会被一只小蝇吓成这个样子呢？甚至被吓得不敢降落、回巢。

到现在我也没弄明白为什么捕蝇蜂会怕它，简直就像猫会怕老鼠一样莫名其妙。这只小蝇小到都不够捕蝇蜂的幼虫吃一顿的。大自然的规则有太多我们还不懂，可能这种小蝇身上藏着一种致命武器，捕蝇蜂知道，而我们却不知道。

这种小蝇在后面还会再出现。它会钻进捕蝇蜂的巢洞，并在捕蝇蜂的猎物身上产卵。等这些卵孵化出幼虫之后，这些幼虫会抢夺捕蝇蜂幼虫的食物，甚至把捕蝇蜂的幼虫吃掉。由此看来，这确实不是一般的小蝇。这样我们就能理解为什么捕蝇蜂会如此惧怕它，因为它是一个无情的杀手。它将卵放入捕蝇蜂巢内的过程也挺有意思。

我们已经知道它的卵最后将出现在捕蝇蜂的巢中，但是它却从不进入这个巢，那它是怎样将卵放入巢中的呢？它耐心地等在捕蝇蜂的巢洞旁边，等着主人带着战俘回来。捕蝇蜂带着一只大马蝇回来了，它先是打开洞门，然后把马蝇拖进洞内，最后关闭洞门。从捕蝇蜂打开洞门到最后把马蝇全部拖进洞里所用的时间非常短。就是在这段极短的时间，几乎是一瞬间内，小蝇就完成了它的工作。让我们用慢镜头回放一下：捕蝇蜂将身体钻进洞穴，此时马蝇的尸体还在门外的一边。小蝇趁这个空当儿迅速地附在了马蝇身上，此时捕蝇蜂开始把马蝇往洞中拖。在马蝇被完全拖进去之前，小蝇就完成了在它身上产卵的工作，并从它身上跳了下来。整个过程几乎是发生在一瞬间，小蝇是那样的敏捷，它甚至有时还不满足于只产一个卵，会产下两三个。完成任务后的小蝇并没有就此休息，而是在不远处一边晒着太阳，一边等待下一次机会的来临。

基本上每个巢洞附近都埋伏着三四个这样的小蝇。它们对于洞穴的入口和通道都非常熟悉，知彼知己方能百战百胜。它们那一身装扮，再加上拦路行凶的行为，总让我联想到绑架的罪犯。不是吗？你看看它那暗红的肤色和大大的红眼睛，怎么看都像是身穿一袭黑衣，头蒙红布的劫匪。

这些劫匪让捕蝇蜂在空中迟迟不敢降落。它知道这群强盗不怀好意，于是没有直接回家，而是飞向了别处，希望能引开小蝇。果然，小蝇们看到主人回来了，却又飞走了，便急急忙忙起身前去追赶。无论捕蝇蜂怎样加速、转向，小蝇都紧紧地跟着它。当捕蝇蜂累得不得不休息的时候，小蝇们也跟着休息。最后无奈的捕蝇蜂不得不全速飞行，以摆脱后面的追赶者。果然，那些小蝇都不见了，都被甩掉了。当它高高兴兴地回到巢洞边的时候傻眼了，原来小蝇早就看透了它的心思，早早就不再去追它，而是折回到洞口等着它，以逸待劳。此时的捕蝇蜂已经筋疲力尽，彻底放弃了，任由小蝇们迅速地将卵产在它的猎物身上。

捕蝇蜂做的这一切努力可以说都是为了自己的后代，因为这些小蝇不会去伤害它本人。现在让我们来看看幼虫吧。幼虫在孵化出来两个星期后开始做茧。不过，它身上没有足够的丝。这可怎么办呢？它只得利用手边唯一的材料，那就是沙粒，掺入沙粒的茧会更坚硬。

幼虫做茧的步骤是这样的，第一步：先清理出场地，把食物残渣等堆到墙角，然后在两面墙之间像是挂纱帐一样挂起白丝，并用这些丝织成一张网。

第二步：它要在网中央做一个像口袋一样的东西，一头封闭，一头留着小口。捕蝇蜂的幼虫钻进这个口袋，一半身子在里面，一半身子在外面继续工作。它用嘴巴仔细地挑选细沙。它的要求很严格，需要一粒一粒地选，不合适的被丢在一边。被选中的这些细沙，最后被它铺在了口袋里面的四周，铺得很均匀。

茧上面的开口是必须要合上的，它是怎么合的呢？捕蝇蜂的幼虫会先给自己织一顶丝帽，大小正好能合上口袋的口，在这上面也要镶嵌上沙粒。现在从外表上看，这个茧就完成了。至于内部，捕蝇蜂的幼虫还会进行一番装修。它要把一种浆液涂到墙上，这样，墙就不会擦伤它那柔嫩的肌肤了。完工后的幼虫开始无忧无虑地睡大觉，直至从茧中出来变成一只捕蝇蜂。

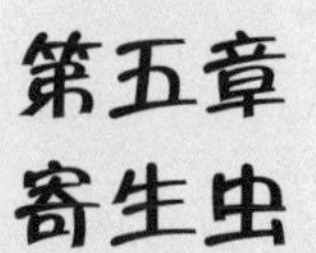

第五章 寄生虫

八九月间，光秃秃的山被太阳晒得发烫。尤其是正对着太阳的斜坡，那里眼看就要被烧焦了。我们为什么要在这么热的天气跑到这里来呢？因为这里有我们想要观察的对象。黄蜂和蜜蜂以这种地方为乐土，真令人费解。它们往往躲在地下的土堆里忙碌着，忙什么呢？忙着盘点自己的食物。这些食物有象鼻虫、蝗虫、蜘蛛、蝇类和毛毛虫，它们被按类分成一堆一堆的。

当然了，要说食物肯定少不了蜜，它们用皮袋、土罐、棉袋或是树叶编的瓮来将蜜储藏起来。

在蜜蜂和黄蜂中间还有一种忙碌的小动物，它们在别人的家里进进出出，走走停停，一看就是不怀好意。后来的所见所闻证实了我的猜测，它们果然是别有用心。这其实是一种寄生虫，它们的家往往安置在别人的地盘上。为了安置自己，它们往往要牺牲掉别人。

这同人类世界的斗争何其相似。许多人省吃俭用攒下一点儿微薄的财产，本打算用在子女身上，使他们过得更幸福一点儿。结果，却被一些总想不劳而获的无赖、流氓抢走。这种事情无处不在，世界上到处都充满了贪婪和暴力。黄蜂和蜜蜂是勤劳、本分的普通劳动者，它们储藏下了许多的食物，自己都舍不得吃，打算全部留给自己子女，结果却被寄生虫这些强盗们抢走。这种事情每天、每时、每刻都在发生，只要有生命存在的地方，就有罪恶存在。无论是人还是动物，都是如此。

蜜蜂母亲将自己的幼儿装入茧中，或者封闭的小房间中，为的是它能不受打扰地好好成长，直到它们拥有独立生活的能力。可是，敌人总是无孔不入，想办法打碎你的各种梦想。这些侵略者使用的手段往往也非常下三烂，有的招数你连想都想不到。比如说有这样一种寄生虫，它把自己的卵通过一根针放到另一个卵旁边。等它自己的卵孵化出来之后，会立刻把身边

的卵，也就是属于这里的主人的卵吃掉；还有一种昆虫，虽然个头极小，但是心狠手辣。它悄悄潜入别的昆虫家中，把原先的主人直接吃掉，不留一丝痕迹。这群强盗把自己的卵产在原本属于别人的巢中，或者咀嚼着别人辛苦采集来的食物，丝毫没有表现出一点儿歉意。到了第二年，原本该小主人出生的时候，巢中孵化出的却是一帮无赖。

看看这种昆虫，它的形状像蚂蚁，但是身上长了许多毛，还有一些红白相间的条纹。如果你看见它准以为它是只蚂蚁，或者是一只蚂蚁穿上了鲜艳的外衣。其实这是黄蜂的一种。为了弥补没有翅膀的缺陷，它长了一根大刺。这种丑陋的昆虫到处考察，无论是斜坡还是角落，它都不放过。它那触须在地上探测着，就像狗在寻找猎物一样。没错，它也是在寻找猎物。不对，是在寻找作案目标。它不敢跟人明斗，只会使一些阴招。它确定目标之后，便开始挖掘。它通常会挖到一个蜂巢，没人知道它是如何探测出地下有巢穴的，它机灵得跟盗墓贼似的。它钻入巢中，迅速把卵产在主人的茧子里，然后做贼心虚地快速跑出。用不了多久，它这种无耻的行径就有了效果。偷偷放进茧内的卵会先孵化出来，然后毫不留情地将主人的卵吃掉。

还有一种蜂，它满身闪耀着五彩的光芒，有金色、绿色、蓝色和紫色。这种蜂被成为金蜂，是昆虫界的蜂雀。光看它的样子，谁也不会想到它是一名臭名昭著的盗贼，或者说是穷凶极恶的凶手。但事实上，它确实是这样的恶人。它们最擅长的便是用其他蜂类的幼虫来做食物。

金蜂并不是那种特别聪明的强盗，它不会耍什么手段。它只会看到主人回来后，偷偷地跟在后面溜进去。我就见过一只金蜂跟在捕蝇蜂后面，溜进了捕蝇蜂的巢穴。当时捕蝇蜂还拖着新鲜的食物，它是来给孩子送东西吃的。丑陋的金蜂在捕蝇蜂面前像是一个侏儒，不过它并没有被捕蝇蜂那吓人的刺和嘴巴吓住。说来也怪，那只捕蝇蜂并没有阻止金蜂在自己家里胡作非为，不知道它是不是被金蜂那臭名昭著的名声给吓住了。第二年我们再来看这个蜂巢的时候，会在巢中发现金蜂的幼虫，这些幼虫躺在赤褐色的茧中。那么，原本属于这里的捕蝇蜂的幼虫去哪儿了呢？为什么消失了？很明显，从仅剩的一些破碎的皮屑来看，它们是被金蜂的幼虫吃掉了。

金蜂的外衣、袍子和丝带分别是金青色、

黄色和蓝色，非常漂亮。不过，它内心的奸恶同美丽的外表形成了鲜明的对比。它们总是在一些泥匠蜂的巢外等待机会。当泥匠蜂筑好巢，封闭入口，专心等待自己宝宝长大的时候，金蜂便会想尽一切办法，无论是通过一条细细的裂缝，还是很小的孔，都要将自己的卵塞入巢中。等到来年，蜂巢中出生的将会是一群张着血口的小金蜂，而泥匠蜂的幼虫则早已进了这些血口之中。

蝇类在动物中总是扮演一些反面角色，不是小偷就是强盗。虽然它们看上去很弱小，但是它们起的破坏作用一点儿也不小。有一种蝇，身体非常柔软、非常脆弱，你轻轻一碰就可能把它们压死。但是它们有一个特点，那就是飞得特别快。有时候，你只看到它在你眼前一闪而过。它翅膀的振动频率非常高，看上去像是没有动，仿佛是被一根透明的线提在了半空中。另外，它还非常敏感，如果你稍微动一下，它立刻就不见了。你可能以为它飞去了别处，其实没有，它一下子就会再飞回原处。它的速度就是这样快，以至于你总感觉它是隐形的。可惜的是，它的这项本领被它用来做坏事。它在空中寻找着机会，当看见有蜂给自己未来的子女准备好食物之后，它就会箭一般地冲过去，将卵产在这些食物上。

我还了解一种小蝇，它身上是灰色的，整日蜷缩在沙地上，看似是在晒太阳，实际上是在伺机抢劫。它的目标是那些捕食归来的蜂类，这些蜂的战利品有时候是马蝇，有时候是甲虫，还有时候是蝗虫。这些小灰蝇会紧紧跟在蜂群后面，不让它们把自己甩了。它们的行动是在蜂类将猎物拖进洞里的那一刻完成的。它就在那一瞬间迅速地冲到猎物身上，产下卵。它们把祸端种在了还没有被完全拖进洞中的猎物身上，整个过程一气呵成。等这些卵出生后，会把猎物当做自己的食物，而主人的幼虫则活活饿死。

不过，从另一个角度去想，这些专门掠夺别人的蝇类没必要受到过多指责。一些动物靠牺牲同类来养活自己，那是非常可耻的行为。而昆虫中的寄生虫绝不掠夺同类，它们牺牲的都是其他种类昆虫的利益。比如说，泥匠蜂从来不会去窥视邻居的蜂蜜，除非邻居死了。其他昆虫也都是如此。单从这一点来说，昆虫中的寄生虫比包括人类在内的其他动物要强多了。

在昆虫的世界中，我们所说的寄生不过是一种“狩猎”行为，是一种生存手段而已。对它们来说，吃掉别人为自己幼虫准备的食物，甚至是把别人的幼虫当做自己幼虫的食物，并不是一种可耻的行为。这和蜂类用毛毛虫或者甲虫喂养自己的子女是一样的。如果这种行径算是偷盗的话，那每一种动物都是盗贼。其中最大的盗贼便是我们人类，人类喝掉奶牛的奶，吃掉蜜蜂的蜜，这和小灰蝇掠夺蜂类的幼虫有何区别？人类这样做无非是想维持生命、延续后代而已，难道昆虫就不是这样吗？

第六章 蜂螨

在卡本托拉斯乡下，有一座围绕着沙土地的高堤。黄蜂和蜜蜂非常喜欢到高堤附近活动。这是为什么呢？我想有两个原因：一是这一带阳光充足；二是这一带容易开凿，适合黄蜂和蜜蜂来此筑巢。

五月份的时候，阳光温暖，天气适宜。高堤一带的蜜蜂主要有两种，都是泥水匠蜂。它们在地下建造起一个个的小屋。其中的一种蜜蜂，在自家门口建造了一个防御用的土筒，并自认为固若金汤。这个筒呈弧形，长和宽都跟人的手指头相仿，筒里面留有空气。有时候会有许多这种筒摆在一起，隔得很近。外来的蜜蜂看到这一个个怪异的建筑之后，都会感到奇怪。

至于另外一种蜂，我们都很熟悉，也是我们经常见的，它的名字叫掘地蜂。掘地蜂没有在门口立起手指形的筒，而是将门口直接暴露在外。它的工作范围比较广，无论是斑驳旧墙的石缝间，还是废弃的房舍、显露的沙石，它都会在上面展开工作。

它们最理想的工作环境是附近的一条公路。这条路的路面要高于两边的大地，一直向南延伸下去。我经常在这条公路上见到成群结队飞来的掘地蜂。

它们的蜂巢藏在墙后面。这面墙有几码宽，墙上穿着许多小孔，看上去像是一块海绵。这些小孔非常整齐，像是用锥子戳出来的一样。每一个孔穴都约有四五寸深，底端都连着曲折的走廊，走廊通向蜂巢。要想观察掘地蜂的工作情况，得等到五月下旬。不过，千万要注意一定是远距离观察，保持相当远的距离才能保证安全。到时候我们会发现，无论是在筑巢，还是在食物方面，掘地蜂都非常团结，并且有极强的毅力。

我在八月和九月的时候来这里最多，因为那时正值暑假。假期总能给人带来快乐的心情和充裕的时间。这个季节里，掘地蜂巢窠附近非常宁静，因为它们的工作都已经结束了。我发现了一些蜘蛛拥挤在大地的缝隙里，蜜蜂的走廊变得如同废墟一般。以前到处是熙熙攘攘的掘地蜂，非常热闹，可是现在变得有些悲凉。为什么蜂巢会被毁掉呢？这个无人知晓。在地表下面数寸深的地方，有一个土室，里面封闭着成千上万的幼虫。它们静静地待在这里，等候春天的来临。这些幼虫非常柔弱，也没有保护自己的能力。同时，它们又是那样的肥胖，那样的有吸引力。这就不可避免地引来了寄生虫，或者是一些饥肠辘辘正在觅食的昆虫。这里的情况值得关注一下。

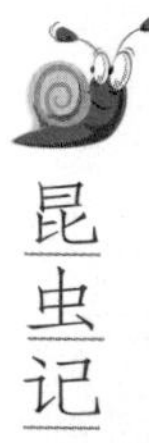

我发现了两件有意思的事情。首先是一些苍蝇，它们身上的颜色半黑半白，非常丑陋。这些苍蝇无所事事，在各个洞穴间飞来飞去。这些举止表明：苍蝇要产卵，它们正在寻找合适的地方；第二件事就是，在这个地方的一些蜘蛛网上挂着许多蜂螨的尸体。蜂螨是蜜蜂的一种寄生虫。这些被挂到蜘蛛网上的蜂螨有雌有雄，有的甚至还没死。毫无疑问，它们一定是想要深入到蜂巢里面，并且在蜂巢中产下自己的卵。

在小心地掘开堤的表面之后，有更多有意思的事情展现在我们面前。我们会看到，有一层小房间在顶部。这层小房间的样子非常奇特，同底下的蜂巢相比，完全不一样。为什么会这样呢？原因是这两种房间分别是两种蜂建造的，一种就是前面提过的掘地蜂，而另一种则被称为竹蜂。

这里面最先建巢的是掘地蜂。它们懂得一个安定的住所的重要性，所以必须选择完美的、无懈可击的地方来建巢。这种完美主义的想法经常使它们放弃正在挖掘中的隧道，从头开始挖另外一个。它们丝毫不因放弃劳动成果而感到惋惜。此时，竹蜂就会乘虚而入，占领那些挖到一半就被放弃的隧道。然后用泥做一面简陋的土墙，将过道分割成大小不一的房间。这些房间看上去没有半点美感，但这是竹蜂能拿出的唯一的改建方案。由此可见，竹蜂不但投机取巧，而且头脑简单。

相比竹蜂，掘地蜂算得上是大艺术家了。它的巢不但非常

整洁，而且还在装饰上面花了很大的工夫，简直就是在进行一项艺术创作。它们在利用土壤方面也非常厉害，能用土壤建造出让敌人束手无策的巢窠。不过，这个安逸的巢穴也使得掘地蜂的幼虫不会做茧。它们也不需要做茧，那些小房间被修建的光滑、温暖，一点儿都不比茧差。它们只需要赤裸裸地躺在里面就行了。

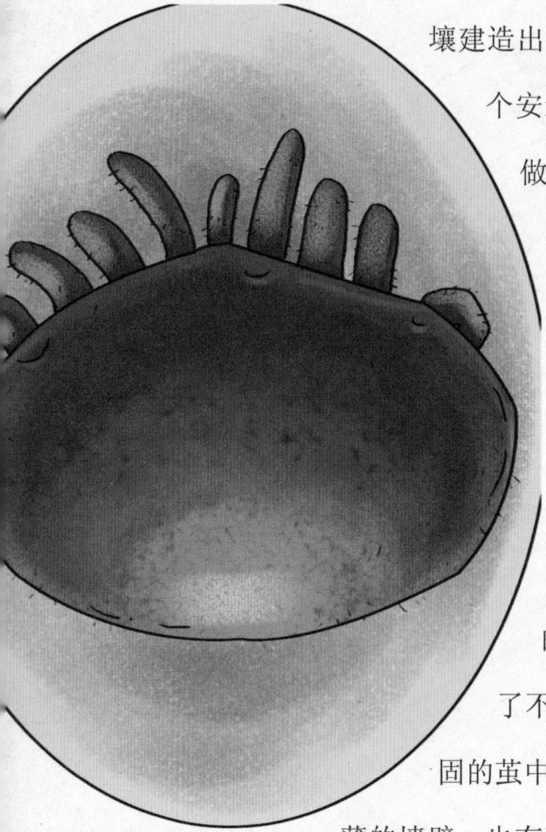

相比之下，竹蜂的幼虫则不同，需要包在厚厚的茧中。这是因为竹蜂的巢窠建得非常草率，防御的壁垒也只是一面非常薄的墙。为了不使幼虫受到伤害，只得将其包入坚固的茧中。这种伤害既有可能是来自巢内单薄的墙壁，也有可能是来自仇敌尖锐的爪牙。离开茧的话，这些幼虫很可能会早早夭折，死在襁褓中。

居住在一起的两种蜜蜂，我们会很容易地分辨出它们的蜂巢。其中一个重要的特征就是，在掘地蜂的蜂巢中发现的幼虫是“一丝不挂”的，而在竹蜂的巢中发现的幼虫都是包裹在厚厚的茧中的。

这两种蜂都有寄生者，但是各不相同。竹蜂的寄生者是一种蝇，身上是黑白相间的颜色，在蜂巢隧道口上会经常发现它们。它们随便闯进竹蜂的蜂巢，并在里面产下自己的卵。掘地蜂的寄生虫叫蜂螨，是一种甲虫，它们的尸体在堤面上随处可见。

我把竹蜂的小房间拿开，这样就可以仔细地观察掘地蜂的家了。在掘地蜂巢中的小房间里面，有的住满了掘地蜂的幼虫，还有的住着一些发育中的寄生虫。这些寄生虫大都藏在一个圆形的壳中，这种壳上面有呼吸孔，还分成好几节。这些壳呈透明的琥珀色，非常薄，非常脆，一碰即碎。透过壳我们可以看到一只小蜂螨在里面挣扎，看样子它迫切地希望摆脱束缚，来到世间。

那么，这些寄生虫是怎么跑到掘地蜂的蜂巢中的呢？那层很奇怪的壳是什么东西，是甲虫的外壳吗？

从地理结构上来看，掘地蜂的巢无懈可击，没有留给敌人任何的机会。即便使用放大镜去观察也看不出有什么被损毁的痕迹。最后，我花费了三年时间，经过周密、细致地观察，最终找到了问题的答案。下面我来讲一下我的研究成果，相信它能够给昆虫的生活史上增添最奇怪、最有趣的一页。

蜂螨的寿命非常短暂，等它发育完全之后，就只剩下一两天的寿命了。如此短暂的寿命，除了繁殖子孙以外，其余什么事情也没时间干。我们经常会在掘地蜂的门口见到死去的蜂螨，这说明刚走出洞口，它们的生命便到期了。

像其他动物一样，蜂螨也有完整的消化器官。可是它们究

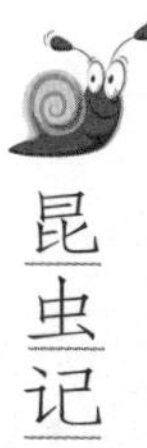

竟吃不吃东西呢？我对此很怀疑。产下小宝宝，是雌性蜂螨最重要的，也是唯一的愿望。等它完成这项工作后，它的寿命便到了期限,可以无怨无悔地离开这个世界了。那么,雄性蜂螨呢？它们在土穴中待上一两天之后，也寿终正寝。这样的话，我们就明白了为什么蜂巢边的蜘蛛网上挂着如此多的尸体，原来都是来自这里。

关于蜂螨产卵，人们肯定认为它会跑遍所有的房间，在每个房间都产下自己的一颗卵。可是，我观察到的事实并不是这样的。我将蜂巢的隧道仔细搜查了一遍，结果发现，蜂螨把卵全部产在了离蜂巢门口一两寸的地方，堆成一堆。这些粘在一起的卵呈白色，体积很小。它们的数量我估计有两千多个，这个估计不算是高估。

蜂螨如此产卵与人们心中想的不一样。它的卵不是产在蜂巢中，而只是在蜂巢门口内侧堆成一小堆。还有，蜂螨母亲没有给它的孩子们准备任何保护措施。无论是抵御寒冷的外衣，还是保护它们的大门。这位母亲把它们扔在危险的门口却不关门，任凭它们受到各种危险敌人的侵袭、骚扰、攻击。可以说，蜂螨在产下宝宝之后便抛弃了它们，让它们独自面对世间的险恶。在冬天来临之前，这条隧道随时会有蜘蛛或者其他凶猛的敌人前来入侵。到那时，这些蜂螨的卵便成了侵略者口中的美餐。

我捡出一些卵放在一个盒子里面，这样便可以看得更清楚了。到了九月，它们还没有孵化出来。我猜测，等它们孵化出来之后，便会立刻跑着去找掘地蜂的小房间并钻进去。事实证明我错了。刚孵化出的蜂螨幼虫非常弱小，尽管大腿强壮有力，但是一点儿作用都不起。它们没有四散跑去，而是熙熙攘攘地混在一起，其中还掺杂着刚从身上脱下的卵壳。我把一块带有蜂巢的土块放到了它们面前，想看一下它们会有什么反应。可它们像没看见一样，没有作出丝毫反应，也没有采取任何行动。我又将它们中的几个挪到另一边，它们立刻跑了回去，继续厮混在自己的兄弟姐妹中。

我很想知道，在野外状态下的蜂螨是不是也同样如此。于是，在冬天的时候，我来到卡本托拉斯的野外去观察掘地蜂的居室。

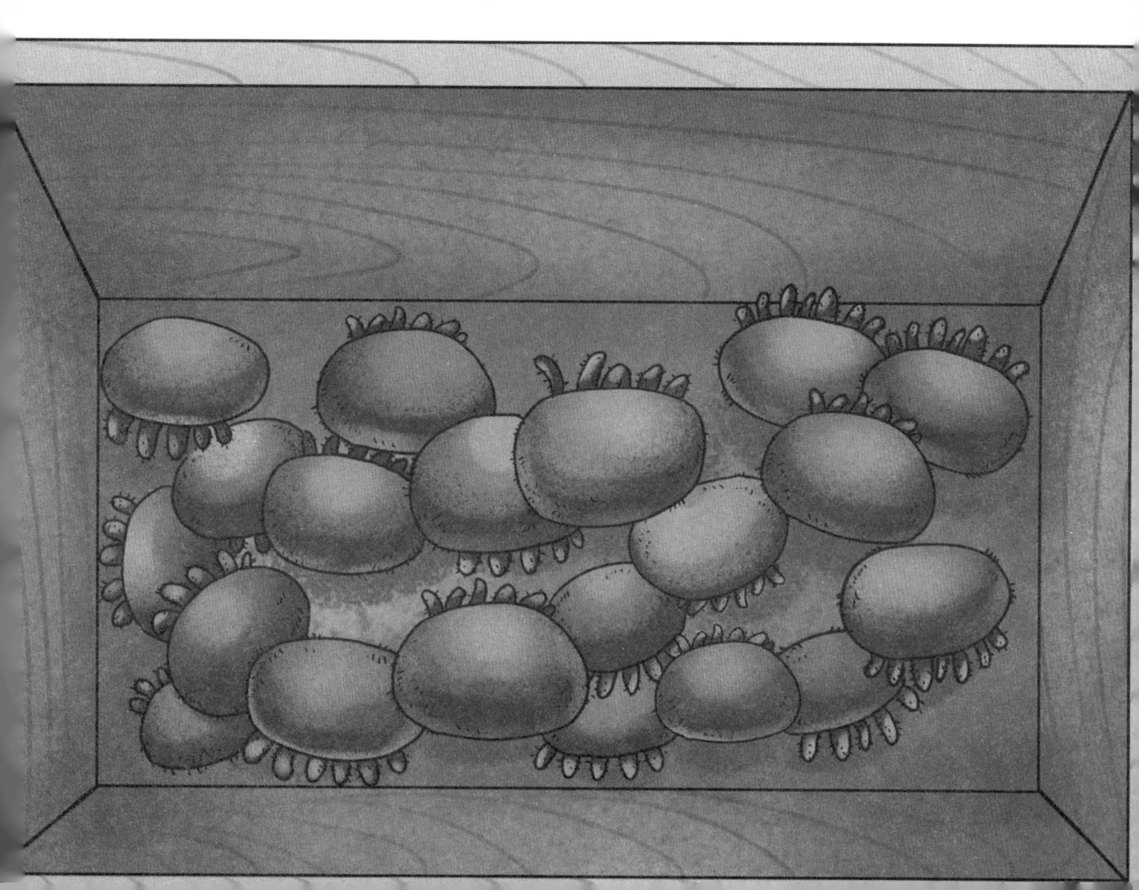

我想知道，它们在野外是不是也像在小盒子里一样，不分散地混杂在一块生活。最终我发现了野外状态下的蜂螨幼虫，它们确实也同样是堆积在一块生活的。

到现在为止，我还没搞清楚两个问题。那就是，蜂螨究竟是如何进到掘地蜂的小房间里面来的呢？它们又是如何进入到另一个壳中的呢？

但是从蜂螨幼虫的外表上看，我们就知道，它的生活习性一定很特别，也一定很有意思。

我经过观察得知，想让蜂螨的幼虫在平滑的地方移动一下是很难的。这是由它居住的环境锻炼出来的一种技能。在野外，蜂螨幼虫居住的环境会让它有随时跌落的危险。怎样才能避免这种事情的发生呢？蜂螨幼虫的身上有十八般武器来帮助它解决这个问题。它们拥有一对强有力的大腮，弯曲而且尖利；大腿强壮，肢体灵活；身上还有许多硬毛，就像尖针一般；爪子锋利而且坚硬，抓到地上，就像犁头插进了土里。除此之外，它还会吐一种黏液。光是这种黏液就足以将它牢牢地黏在一处，不至于跌落。由此可见，它的自我保护能力是非常强的。

关于这些幼小的幼虫为什么会选择在洞口居住这个问题，我绞尽脑汁，苦思冥想，结果还是没有答案。最后，我想或许天气转暖一些，就会有答案了。于是，我急切地盼望着冬天快点过去。

四月底的时候，被我囚禁在牢笼中的蜂螨幼虫有了变化。

之前它们总是躺着不动，躲在卵壳里面睡觉。而现在，它们忽然开始活动了。它们在盒子里爬来爬去，显得特别有精神。那匆匆忙忙的动作和神情，都表明它们在找一件东西，而且是一件非常重要的东西。不出意外的话，它们应该是在找食物。这也难怪，它们是去年的九月底孵化出来的，而现在是四月底，它们已经有整整七个月没吃任何东西了。此前的七个月就像是被判了七个月的徒刑，一直保持一种姿势，什么事也不做。等到七个月后，它们被放出来了，变得非常活泼。

看到它们活蹦乱跳的，我知道一定是有一种动力在支配着它们。这种动力不是被释放后的好心情，而是饥饿。也只有饥饿才能让它们如此忙碌、如此焦急。

这些匆忙的食客寻找的肯定是蜂巢中的蜜汁，为什么这么说呢？很明显，我们最后是在蜂巢的小房间中发现的它们。那时，它们同蜜蜂的幼虫一样，也是住在小房间中。这就说明，蜂巢中储藏的食物，不仅是供蜜蜂的幼虫享用，同样也供蜂螨的幼虫享用。

我把一些里面藏着蜜蜂幼虫的蜂巢提供给它们；我甚至把蜜蜂的幼虫从蜂巢中拿出来，把蜂螨的幼虫塞进去。我使出各种办法，想让它们能够成为我想象中的那样，就是钻进蜂巢去享用蜂蜜。但是，我的努力没有收到任何回报，它们还是不顺从。我决定采用另一种方法，那就是用蜂蜜诱惑它。这需要一个带

有蜂蜜的蜂巢，整个五月中我的大部分时间都是在找蜂巢。

最后，终于找到了合适的蜂巢。我把蜂巢中的蜜蜂幼虫都拿出来，再把蜂螨的幼虫放进去。蜂巢的小房间中有许多蜂蜜，我本以为它们会痛饮一番，没想到结局让我心灰意冷。我觉得这是我做过的最失败的一次实验。这些幼虫不但没有去吃那些蜂蜜，反而好多幼虫都被蜂蜜黏住，最后活活闷死了。这和我心中预测的结果简直相差十万八千里。

我非常失望，我甚至想问它们一下："你们到底想要什么，我把蜂巢送到你们面前，还有幼虫，还有蜜汁，这些难道还不够吗？你们这群丑陋的小东西！"

不过，它们终究没有瞒过我，我还是知道了它们的秘密。原来它们什么都不需要做，因为它们并不是自己钻进蜂巢中去的，而是掘地蜂亲自把它们带进去的。

上面说过，四月的时候，原本住在洞口的蜂螨的幼虫开始活动。最初几天，它们只是蠢蠢欲动，呆头呆脑。再过几天，它们便会离开洞口那个地方。它们会去哪儿呢？它们会紧紧地攀附在蜜蜂的身上，被带上蓝天，带到野外，甚至带到更远的地方。

蜂螨的幼虫会抓住一切机会爬到蜜蜂身上去。不管蜜蜂是要出门，还是刚从外面回来，只要它在洞口停留，就给了蜂螨的幼虫机会。它们爬到蜜蜂的绒毛里，并紧紧抓牢。它们从不担心蜜蜂会飞多远，飞多高，因为它们对自己有绝对的信心，一点儿都不担心会跌落下去。它们如此疯狂冒险，只有一个目的，那就是让蜜蜂把它们带到巢里去，去享用那储藏丰富的蜂蜜。

第一个发现蜂螨幼虫爬上蜜蜂身体的人肯定会认为，这是一种喜欢冒险的昆虫，它们可能是想在蜜蜂身上寻找吃的东西。但是，这种想法是错误的。蜂螨的幼虫在蜜蜂身上的时候，是头朝下，尾端朝上，身体与蜜蜂的身体垂直的。它们喜欢待在蜜蜂的肩头一带，选择好地点之后，就不会再改变。如果它真的是想从蜜蜂身上找东西吃的话，就不应该待在一个地方不动，而是应该到处跑动才对。显然，找食物的说法是错误的。它们选择攀附的部位都是蜜蜂身上最硬的部位，有时候是靠近翅膀下面的部位，有时候甚至是头部。只要它们选好了部位，便死死地攀住一根毛，雷打不动。由此我推测，事情的真相只有一个，那就是蜂螨爬到蜜蜂身上的目的是为了让蜜蜂把它带回蜂巢。

飞行中并非一帆风顺，

这位未来的寄生虫此时要经历一番考验。蜜蜂有时候会急速前进，有时候会穿越花草，有时候会用足部清理身体各部位，在往蜂巢中飞的时候还会与墙壁发生摩擦。无论如何，小甲虫必须要牢牢抓紧，这样才能达到目的。

不久之前我还在纳闷儿，是什么东西让小甲虫牢牢地攀附在了蜜蜂的身上，原来是蜜蜂身上的绒毛。而夹住绒毛的工具就是小甲虫身上的那两个大钉。至此我才明白它们的真正用途。这两个大钉非常精密，合拢起来可以稳稳地夹住绒毛，感觉比人类的钳子还要好用。

还有，那些从幼虫口中分泌出的黏液此刻也能发挥作用。它能帮助小甲虫紧紧地黏附在蜜蜂身上；同样，幼虫身上的硬毛和尖刺此刻也派上了用场。它们深深地扎入蜜蜂的软毛中，让幼虫把身体牢牢地固定在蜜蜂身上。

这么多的“利器”平时似乎一无所用，但是当它们的主人要飞上蓝天的时候，它们就变成了高端设备，发挥出了相应的作用。一想到这一点，我不禁对小甲虫钦佩万分。

为了观察一下蜂螨的幼虫是如何进到蜜蜂巢中的，我在五月二十一日这天来到了卡本托拉斯的野外。

这是一项非常难的工作，需要全身心地投入。我在野外发现了一群蜜蜂，它们不知道是高兴，还是受了什么刺激，在天空中乱舞。我不解地看着它们，就在这时，乱哄哄的蜂群中响起了一种喧哗的声音。只见一群掘地蜂像闪电一般飞了出去，到处寻找食物。与此同时，另外一群蜜蜂正满载而归。有的带回的是采好的蜂蜜，有的带回的是建巢用的泥土。

此时，我对这种昆虫的习性已经有了一定的了解。在我的认识中，无论是谁，无论是有意还是无意，只要你闯入了它们的群体或者碰到了它们的房子，那么后果一定是悲惨的，几乎可以用“万刺穿身”来形容了。上次在观察大黄蜂的时候就是因为离得太近，而被冲出的大黄蜂恐吓了一下，那种恐惧的感觉我至今难忘。

想要得到自己需要的东西，总得付出点代价。我现在想了解蜂螨，就必须要冲进这个可怕的蜂群。甚至还需要在蜂群里面站上几个小时，或许一整天也说不定。我必须目不转睛地盯着它们工作，不让一切逃过我的眼睛。于是，我就一动不动地拿着放大镜站在蜂巢前。为了观察得更仔细，我的眼睛和手不能受任何妨碍。这样的话，面套、手套等保护用品都不能用。为了看到自己想看的东西，为了解答关于蜂螨的谜团，即使是脸被蜇得认不出来了也值得。这就是所谓的代价。

那一天，我痛下决心要解决这个长期困扰我的问题，无论付出多大代价。

我用网子捕捉了几只掘地蜂，没想到这几只蜂身上都攀附着蜂螨的幼虫。我感到很满意，因为这正是我想要的。

闯入蜂群之前我先把衣服扣紧，免得受到不必要的攻击，然后我用锄头去锄了几下，并从上面取下一块泥块。在做这些的时候，我的心里忐忑不安。但是出乎意料的是，并没有蜜蜂来攻击和伤害我。

第二次挖掘用的时间比第一次要长得多，但同样没有受到什么攻击。没有蜜蜂对我亮出它那吓人的尖针。担心的事情并没有发生，从那以后我便无所顾忌，开始大干特干。我揭开蜂巢前面的土块，将里面的蜂蜜拿出，并赶走了上面的蜜蜂。在整个过程中，掘地蜂的心情一直很平静，没有发生什么让我担心的事情。它们对我的行为不理不顾，置若罔闻。这是为什么呢？其实掘地蜂是一种很老实的动物。每当它们的蜂巢内部遇到骚乱时，它们便会乖乖地离开，转移到他处。它们的尖针不轻易使用，哪怕是在自己受伤的情况下。只有当它们被人捉住，迫不得已的时候，才会亮出它们的武器。

虽然它很缺乏勇气，但我不得不谢谢它。在没有任何保护措施的情况下，我竟然能安全地在一群蜜蜂中待上好几个小时。有时是静静地坐在一块石头上观察，有时是随意地翻动它们，竟然没有被袭击过一次，甚至连一个警告也没收到。路过的乡下人看到这种情形后都问我，是不是对这些蜜蜂施了什么魔法。

我用这种方法观察了大量的蜂巢。这些蜂巢各不相同，有的敞开着，里面还有一点儿蜜汁，还有的用土掩盖在地下。蜂巢里面发现的东西也是五花八门，有的里面有蜜蜂的幼虫；有的里面有一些其他动物的幼虫，这种幼虫比蜜蜂的幼虫略显肥大；还有的会在蜜汁的表面发现漂浮着的卵。这种卵的颜色是非常美丽的白色，呈圆柱状，稍显弯曲，非常短，这就是掘地蜂的卵。

这种漂浮在蜜汁上的卵，我只在少数几个小房间中见过。在其他房间中，见到更多的是蜂螨的幼虫。这些幼虫踩在蜜蜂的卵上，就像踩在木筏上一样。这时的它们和刚孵化出来的时候一模一样，无论是形状还是大小。蜂巢中已经潜伏进了敌人，它们正在享用本该属于主人幼虫的蜂蜜。但这一切主人还一无所知。

它是在什么时候潜入的呢？又是通过怎样的手段？这些小房间都密封得很严，我仔细地观察了好久也没找到一条能进去的缝隙。我推测在这些储藏着蜂蜜和盛着蜂卵的小房间还没有

被封闭之前，它就已经进去了。同时，我发现那些没有封闭的小房间里面虽然有蜂蜜，但是既没有发现上面漂浮着蜂卵，也没发现有蜂螨的幼虫在里面。这更加肯定了我的推测，那就是这些幼虫一定是在蜜蜂产卵或者小房间关门的时候进入的，我认为是前者。也就是说，幼虫是在蜜蜂将卵产在蜂蜜上的那一刻，从蜜蜂身上跳下，留在了小房间里。

我从蜂巢中取下几个小房间，这些小房间里面装满了蜂蜜，上面还漂浮着一个蜜蜂的卵；然后取来几只蜂螨的幼虫，我将这几个小房间和这几只幼虫放到一个玻璃罩中进行观察。结果显示，幼虫不会主动爬到蜂巢上面去，更不可能钻进小房间中把蜂卵当木筏踩在脚下。因为对于幼虫来说，蜂蜜实在是太危险了，随时都可以让它们溺亡。即使有几只大胆的幼虫来到蜂蜜边上，但当它们稍微碰到这些黏黏的液体之后，也会拼命地挣脱着跑掉。总会有一些冒失鬼，一不小心跌落到小房间的蜂蜜中，结果就被活活闷死了。由此可见，蜂螨的幼虫是十分惧怕蜂蜜的。当蜜蜂待在小房间中产卵的时候，它们会格外小心，死死地抓住蜜蜂的绒毛，没有丝毫闪失。因为哪怕是稍微接触到蜂巢中的蜂蜜，也会让幼虫窒息身亡。

有一点是非常清楚的，那就是蜂螨的幼虫是在蜂巢中被发现的，而且还是踩在蜂卵的身上。这个小小的卵不仅是幼虫的木筏，保证它安全地漂浮在蜂蜜上，而且还将成为幼虫的第一顿美味大餐。

要想顺利地登上这只木筏，并且日后享受这顿大餐，蜂螨的幼虫肯定不能接触到蜂蜜。不然的话，它就会一命呜呼了。但是，它必须要留在这个对它来说既充满诱惑，又充满危险的蜂巢中。它会采用什么方法呢？它只有一个方法可选，那就是在蜜蜂产下卵的那一刹那，又准又稳地跳到那个卵上面去。这样一来，便大功告成。从此，幼虫和卵相依为伴，漂浮在蜂蜜中。这只卵的大小只能乘载一名乘客，如果是两个的话，那就要沉船了。因此，我们在一个小房间中只会发现一只蜂螨的幼虫。

在人们眼中，蜂螨幼虫能做出这样敏捷的动作仿佛有点不可思议。但是，你若是真正深入地研究昆虫的话，你就会发现，这样不可思议的事情还有很多。

对于蜜蜂来说，它怎么也想不到自己将敌人同自己的卵放到了同一间小房子中，还替它锁上了门。蜜蜂还以为自己的工作干得很完美，便到刚才那个小房间隔壁的房间去产卵。就这样，随着蜜蜂不停地产卵，蜂螨的幼虫也相继在蜜蜂的巢中安顿了下来。

让我们把视线从这个可怜的母亲身上移开吧，移到那些靠着自己的狡猾，最终达到目标的蜂螨幼虫身上。下面我就会在这些幼虫身上做一个有趣的实验，然后看看它们的反应。

这个实验的内容是，将一间装有蜂螨幼虫的小房子的盖突然揭开，然后看看里面的幼虫会有什么反应，会发生什么趣事。

当我们打开密封之后，可以看到蜂螨幼虫还很老实，里面的卵也保存完好。没想到的是，只过了一会儿幼虫便开始了对卵的破坏行动。它跑到白色的卵旁边，用自己的六只脚稳稳地站住。它身上那长有尖钩的大腮此时将派上用场，它用这个尖钩扯住卵身上那层薄薄的皮使劲拉扯，吃奶的劲都使出来了，直到把卵的这层皮扯破才肯住手。此时的卵，从身上流出一股东西。幼虫见了非常兴奋，立即贪婪地将其吸光。这是蜂螨幼虫生平的第一场战斗，也是它身上的尖钩第一次派上用场。

由于小房间中只有两位房客，而蜂螨幼虫又是绝对的强者，所以在将蜜蜂的卵吃掉之后，它便可以在这间房中毫无顾忌地为所欲为了。蜂螨为什么要杀死卵呢？因为卵在孵化的过程中也会进食蜂蜜，这些蜂蜜现在是供着两个吃客，卵多吃一口，就意味着蜂螨幼虫日后要少吃一口。面对着“僧多粥少”的局面，越快杀死卵，对于蜂螨幼虫来说就越合算。

除此之外，蜂螨幼虫杀死卵还有另外一个原因。这个原因也非常重要，那就是蜂卵身上有一种特殊的味道。这种味道能勾起蜂螨幼虫强烈的食欲，使它情不自禁地就想把蜂卵吃掉。它同时还是一个非常残忍的家伙，它不会将蜂卵一下子杀死，而是将其慢慢地折磨好多天。在它刚刚撕裂卵的外层的时候，它会将流出的浆液全部吸光。在接下来的几天，它每天都会将卵身上的那个裂口撕得再大一点儿，再将流出来的东西吃掉。就这样，一直持续数天。

虽然蜜汁也十分甜美，但是此时的蜂螨幼虫对它熟视无睹，它正在专心地享受卵身上流出的流质。这说明蜂卵对于它来说非常重要，有着特殊的意义。看来，这枚小小的蜂卵不仅是保证幼虫安全的小木筏，还是幼虫茁壮成长必不可少的营养品。

这个可怜的蜂卵被蜂螨幼虫折磨一周之后才死去。那时的它已经被吸干了，只剩下一个空空的干壳。随着这个生命的消失，蜂螨幼虫也结束了生命中的第一顿大餐。此时的它身体强壮，体型已经有原先的两倍大。同时它的外形也发生了变化，它的背部裂开一条缝，它从这条缝中钻出来之后变成了一只甲虫。那张空壳依然停留在“小木筏”上，而小幼虫则落到了蜂蜜中。用不了多长时间，蜜汁便将它们全部淹没。

至此，蜂螨幼虫的历史圆满终结。

第七章
条纹蜘蛛

很多人都不喜欢冬季。有人认为在冬季里很难看到虫子，因为它们大都躲在洞里冬眠。也并不完全是这样，有些虫子是可以在冬季观察的。有时候，人们在阳光照耀的沙地里，在树林里，或者在石头底下会发现一件有趣的艺术品，那就是条纹蜘蛛的巢。我就曾经在一个寒冷的冬天里发现了这样的艺术品。我当时非常激动，糟糕天气导致的坏心情也被一扫而光。如果别人去搜索的话，我希望他们也能有所收获，找到这件艺术品。相信他们一定会被眼前的景象震撼。

条纹蜘蛛是我见过的

最完美的一种蜘蛛，无论是从外表还是从举止来看。之所以称它为条纹蜘蛛，是因为它的身体上有黄、黑、银三种颜色的条纹。它的身体微微发胖，四周环绕着八条腿。

条纹蜘蛛专门把网结在猎物活跃的地方，比如有蜻蜓和蝴蝶飞过的地方，有苍蝇盘旋的地方，有蚱蜢跳过的地方等。有时候为了捕捉水面上丰盛的小虫，它还会结一张跨越小溪的网。条纹蜘蛛的结网能力非常强，只要是有落脚点，它就能结网。

这张网是它狩猎的武器，四周被固定在不同方向的树枝上。从外表上来看，这张网与其他蜘蛛的网没什么不同，都是从中央向四周放射，然后外面有一圈圈的螺线。整张网非常大，而且整齐对称，非常有美感。

结完网之后，它还会留下自己的签名。这个签名就是位于网的下半部分的一条带子，这条又宽又粗的带子一曲一折地延伸到网的边缘。这是它给自己作品做的一个标记，同时还能对网起到加固作用。

蜘蛛的网必须要牢固，不然的话，一些身体较重或者力量大的昆虫就会把网挣破。蜘蛛这种动物不会去主动猎食，而是等着猎物自己送上门来，所以它只有想办法把网织得更结实一点儿，才能捉到更多的猎物。平时它都是在网上摆好架势，等待猎物自投罗网。它卧在网中央，八条腿朝各个方向伸展开，这样，每个方向的动静都能被它感受到。会有什么猎物飞来谁

也不知道，蜘蛛做好了一切准备，剩下的就是耐心地等待。有时候飞来的是那种毫不起眼的小虫，有时候是那种强壮的甲虫，总之蜘蛛是来者不拒，大小通吃。有时候会接连几天一无所获，那这几天就要饿肚子；也有时候猎物多得要好几天才能吃完。

蝗虫的腿部肌肉非常发达，它经常误撞到蜘蛛网上。这个时候就是考验蜘蛛网是否结实的时候了。如果蜘蛛网没有被撞破，蝗虫便会用它那有力的大腿使劲一蹬。单看蝗虫和蜘蛛的个头对比，你可能觉得蝗虫逃离蜘蛛网易如反掌，可事实却不是这样。如果蝗虫在蜘蛛网上蹬了一脚之后并没有逃脱的话，那它就永远逃脱不掉了，就会成为蜘蛛的一顿美餐。

条纹蜘蛛并不急于将蝗虫吃掉，而是将其裹起来。蜘蛛调动全身的丝囊同时往外吐丝，最后将这些丝用后腿捆成一根丝带。这些丝带像是裹尸布一样，被蜘蛛用后腿缠在了蝗虫身上，最终将蝗虫全部裹住。

传说中古代的角斗士也是用这种方法同猛兽搏斗的。他们搏斗的时候会在左肩上准备一张网，当猛兽扑过来的时候，就用右手将网撒开把猛兽网住。被网住的猛兽跟被网住的鱼一样，只能等死。剩下的事情就好办了，角斗士上前几剑就将其杀死。

蜘蛛的这种方法很有效。它还有一个绝技，那就是当第一副网不够用的时候，它会接着制作出第二副、第三副、第四副等，一直到丝尽为止。相比，人类只有一副网，撒出去如果没有网住猛兽的话那就危险了。即使有第二副，也没时间扔。猛兽不等你扔，就会扑上来。

等到被裹得严严实实的蝗虫不再挣扎、坐以待毙的时候，蜘蛛才上前准备进餐。从它走路的姿势可以看得出，它很得意。除了丝以外，它的另一件武器就是毒牙，这些毒牙甚至比角斗士的剑还要厉害。蜘蛛用毒牙将蝗虫一口口地吃掉，然后回到网中央，等待下一个猎物。

蜘蛛母亲非常伟大，相对于捕猎时的表现来说，它们在母性方面的一些流露更让人叹为观止。它用丝织成一个袋子当做巢，它的卵也在这个巢中。相对于鸟类的巢来说，它的巢要复杂得多。这个巢的大小跟鸽子蛋差不多，底部宽，顶部尖，像是倒置的气球。

巢的顶部是凹进去的，像是一个碗一样。除了顶端以外，整个巢都被一层白缎子包裹着。这些白缎子又厚又软，还有一些黑色和褐色的花纹点缀在上面。根据以往的经验，

我可以猜到这层白缎子是防水用的，可以保护巢不被雨水、露水浸透。

我们取来一个这样的巢，然后用剪子将其剪开观察，发现在白色缎子底下还有一层红色的丝。这些丝非常柔软，堪比天鹅绒。它们并不是纤维状，而是蓬蓬松松的一把。这是一种保暖材料，是为了避免巢内的卵受冻而准备的。未来的小蜘蛛躲在其中，就像睡在了安乐窝里，它们完全不用去顾及外面恶劣的天气。

巢中央还有一个袋子，外形看上去像锤子，顶部有一个柔软的盖。这个袋子的材料跟巢外面贴的一样，也是柔软的缎子。蜘蛛的卵便藏在这个小袋子中。蜘蛛的卵极小，呈黄色颗粒状。它们常常聚集到一块儿，形成一个圆球，大小跟豌豆差不多。这些卵被母蜘蛛看做是掌上明珠，千方百计保护它们不受寒潮影响。

下面就让我们看一下蜘蛛是如何织这个袋子的。它一边吐丝，一边慢慢地绕着圈子。这样，吐出的丝就一圈圈地叠加上去，直到形成一个袋子。这个袋子是用几根丝吊在巢中的，除此之外，跟巢之间没有任何接触。袋子在装下全部的蜘蛛卵后，一点儿空隙都不剩。这一点蜘蛛妈妈掌握得非常精确。

蜘蛛的丝囊里看上去有吐不尽的丝，让人怀疑蜘蛛的肚子里面是不是开了一个纱厂。这个纱厂露在体外的部分只有丝囊和后腿，但是蜘蛛却可以随心所欲地搓绳、纺线、织布，或者是织丝带，还会根据需要吐出不同颜色的丝。这一切它们都是怎么做到的呢？里面有什么奥妙吗？

产完卵、建完巢之后，蜘蛛便离家出走了，没有半点眷恋。它从此以后再也不会回来了。它这是狠心吗？当然不是，这个巢和里面的卵已经不需要它操心了。阳光自会将这些卵孵化。有句话叫“春蚕到死丝方尽”，蜘蛛便是如此。蜘蛛在织巢的时候，吐尽了体内所有的丝，现在它连一张网也结不出了。没有网就无法捕食，只能等死。疲惫、衰弱的它已经走到了生命的尽头，离家出走几天后，它就安详地死去了。不仅是我在实验室养的蜘蛛如此，大自然中的蜘蛛也是如此。

下面让我们关注一下被母亲留在巢中的卵。我数了一下，巢中的卵一共有五颗。这些黄色的卵到时候怎样从巢中走出去呢？此时母亲早已不在身旁，它们会采取什么措施突破巢外面的那层结实的白缎子呢？

如果把蜘蛛的巢看做是植物果实的话，那里面的卵就是种子。这样说来，植物和动物之间是有相似之处的。相对于卵来说，种子是不会动的。但是它们一样可以散播到远处，生根发芽。植物传播种子的方法五花八门：蒲公英的种子长着羽毛，会随着风飘向很远的地方；凤仙花的果实成熟后，只要轻轻地触动，就会自动裂开将种子弹出；榆树的种子被包裹在薄薄的扇形榆叶里，随着风飘落各地；槭树的种子成对搭配起来像翅膀，飞落各地；桂树的种子是船桨的形状，风一起，它们便被吹散到

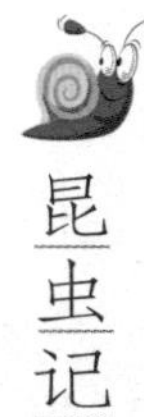

海角天涯。它们都随遇而安，落地发芽，展开新一轮的生命。

有的动物也是借助大自然的力量传播后代，它们的方法同样千奇百怪。条纹蜘蛛便是这类动物中的一种。

蜘蛛卵大约在三月间开始孵化。到时候，一些刚孵化出的小蜘蛛会爬出那个巢中央的吊袋。我悄悄地将蜘蛛的巢用剪刀剪开，观察着这些刚出生的小蜘蛛。它们的腹部是棕色的，背上是淡黄色，看上去乳臭未干，不知道什么时候才能穿上它们母亲那样的鲜艳衣服。这些小蜘蛛在巢中一直要待到成年，这大约需要四个月的时间，到时候它们的身体将变得非常强壮。

到了六七月的时候，巢里的蜘蛛已经忍不住要冲出来了。但是这些巢坚固无比，任凭它们如何撕扯也不见变样。正在我为它们感到焦急的时候，奇迹发生了。这个巢像是在太阳底下暴晒的豆子一样，突然炸开了，里面的蜘蛛纷纷出巢，逃到附近的树上。它们一边走，一边吐丝。有时候风会将这些丝吹起，而蜘蛛则像一只风筝一样，被自己吐出的“风筝线”牵引到别处。

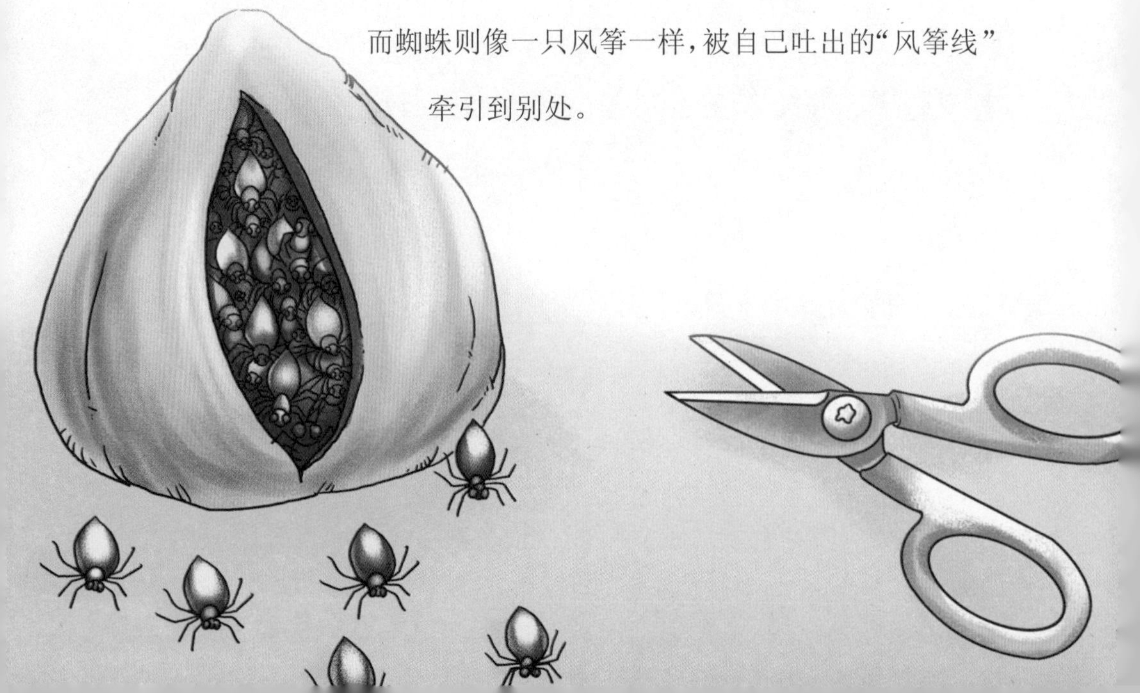

第八章
蟹蛛

我们在上面讲过条纹蜘蛛。这种蜘蛛起初的时候为了给自己的子女营造一个温暖的环境，每天都在辛勤地工作，废寝忘食。可是到了后来它却离开了这个家，看上去有些不负责任。这是为什么呢？首先是它的职责已经完成，小蜘蛛可以靠着阳光自己孵化出来；其次便是大自然给它的生命太短暂了，第一轮寒流过后，它就会死去。它等不到自己的宝宝出生，它的卵在来年才能孵化出来。这种母子不能见面的宿命也导致了它在后期对这个家热情大减。如果这些卵是在母蛛死之前就孵化出来的话，我相信这位母亲一定会非常疼爱自己的子女，非常热爱自己的家庭，不会亚于任何其他动物的。

这些都是我的推测。不过，我知道有一种蜘蛛，它能证明我的推测。这种蜘蛛像螃蟹一样横着走路，所以被人们称为“蟹蛛”。蟹蛛不会织网，它捕食的方式是偷袭。它常常会埋伏在花的后面，在猎物经过时突然杀出，在敌人的颈部轻轻一刺，

猎物便应声而倒。据我观察，蜜蜂是蟹蛛最喜欢捕捉的猎物。

蟹蛛经常偷袭工作中的蜜蜂，因为蜜蜂在工作的时候专心致志，会放松警惕。只见蜜蜂在花蕊中跳来跳去，不时会用舌尖尝一下花蜜。它还不知道，自己早已被一双眼睛盯住，危险随时都会来临。蜜蜂的背后，蟹蛛正在悄悄地靠近。等到距离差不多的时候，蟹蛛便会一跃而起，在蜜蜂的背上刺一下。蜜蜂像是被点了穴一样，身体僵硬，接着便倒地而亡。

这看似随意地一刺，其实刺中了蜜蜂的要害，那就是颈部的神经中枢。神经中枢被麻痹以后，蜜蜂的腿脚便不听使唤，随之全身开始硬化。这个勤劳的小生命在一秒钟之内便从这个世界上消失了。蟹蛛毫不客气地上前吸着蜜蜂的血，显得既快乐又满足。等到它吃饱了，便拍拍手离开。

这个刚刚还十分残暴的家伙，一回到家就立刻变成了一位

温柔的母亲。这和大部分昆虫一样，在吃掉别人孩子的时候毫不留情，但是对自己的孩子却是疼爱有加。不仅是昆虫，就是我们人类也是如此。

蟹蛛的身材不好，又矮又胖的像是一个锥体，背上还像骆驼一样，长有隆起的肉。不过让它感到安慰的是，它的皮肤非常漂亮。并不是所有的蟹蛛都穿一样的外衣，有乳白色的，有柠檬色的，看上去比绸缎都要美丽。它们其中的一些腿上有粉红色的环，背上有深红色的花纹，胸前有时会佩戴一条绿色的缎带。这种颜色的搭配，再加上它们的条纹本身就很细致，看起来比条纹蜘蛛还要典雅高贵。这么漂亮的外形，让一些本身对蜘蛛有所畏惧的人都对它很有好感。如果将其制作成玩偶，肯定能得到很多人的喜爱。

相对于它的捕食技艺来说，蟹蛛在建筑方面的技艺同样很高超。

有一次，我偶然看到它正在筑巢。它把巢筑在一丛花的中间，巢是一个形状像顶针的白色丝袋，一个扁圆的盖子盖在袋口。

蟹蛛还用绒线掺杂花瓣制成了一个圆形的平台，这个平台被放到屋顶上。有一个开口作为通道，能从平台进入到屋子里面。这个平台其实是一个守卫家园的瞭望台。

自从产完卵之后，蟹蛛便每天都站在这个瞭望台上站岗，像是一名守城的士兵。此时的它可能是因为产卵的缘故变得非常消瘦，但是精神很充足。它在瞭望台上全神贯注地监视着四

面八方的动静，随时准备投入战斗。它那洒脱的姿态，加上致命的武器，让一些不速之客敬而远之。即使是一些对它没有敌意的过路者，也会被它吓得绕道而行。看到那些可疑的家伙都被自己吓走，蟹蛛感到心满意足。

那么，当它结束一天的守卫工作之后，它会在自己的巢中做些什么呢？它会静静地趴在自己的卵上面。对于蜘蛛的卵来说，从阳光中吸收的能量已经足够它们使用的了。那么蟹蛛为什么还要像母鸡孵蛋一样，趴在自己的卵上呢？况且此时的蟹蛛身体孱弱，也没有什么能量可以传给自己的卵。我想这可能是母亲在临终前对自己子女的一种眷恋吧。

此时的蟹蛛身体非常消瘦。它为了站好岗，不使自己的子女受到任何威胁，已经停止了进食，甚至连睡眠也停止了。偶尔休息的时候它也不再去捕食，只是呆呆地趴在自己的卵上，仿佛忘记了蜜蜂的血曾经带给它的快感。

虽然滴水不进，但是蟹蛛依然按时出勤上岗，越来越消瘦的它并没有放松警惕。这种生活又过去了两三个星期。是什么东西在支撑着它的精神呢？是一种等待，是苦苦期盼自己的孩子降临世间的等待。

后来我见证了这一刻，终于明白了蟹蛛为什么用生命去苦苦等待。首先是想在临死前见自己的子女一面，这一点和人类相似。还有就是，小蜘蛛的出生离不开母亲的帮助，孱弱的母蛛要在临终前为子女尽最后一点儿力。

还记得前面讲过的条纹蛛的孩子们吗？它们的妈妈在它们出生之前便离开了这个世界。因此，没有谁能帮助它们把巢打开，它们只能等待。直到有一天巢像熟了的果实自己裂开，它们才得以出来。蟹蛛的巢不会那样自己裂开，顶上的盖也没有机关，不会自动升起。那小蜘蛛到时候怎么出去呢？它们进出的通道是盖子边缘的一个小洞。其实在小蜘蛛孵化出来之前，这个小洞是不存在的。也就是说有人在暗中帮助小蜘蛛，给它们打开了一条生命的通道。那么，这个好心人是谁呢？

没错，就是它们的母亲。这个巢的四壁非常结实，凭刚出生的小蜘蛛的力气是绝不可能将其打通的。奄奄一息的蟹蛛母亲在外面感受到了巢内子女的骚动，它知道自己的孩子降生了。为了帮助它们走出这个巢，它用尽最后的力气在巢的墙壁上打了一个洞。就是为了完成这个任务，羸弱的母蛛滴水不进地苦苦坚持了五六个星期。在将生平最后的力气使出来之后，它便去世了。临死时，它紧紧地将自己的巢抱住，身体慢慢变得僵硬，看得出它对这个家是如此的依依不舍。这是多么让人感动的一位母亲啊！

七月间，在我的实验室里面也出生了一批小蟹蛛。多年的交往使我知道，它们出生后肯定要登高，我把早早准备好的树枝给它们插好。事实不出我所料，它们从巢中出来便顺着铁笼爬上了树枝，很快又爬到了树枝顶端。不像别的蜘蛛那样着急，

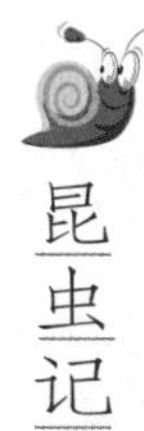

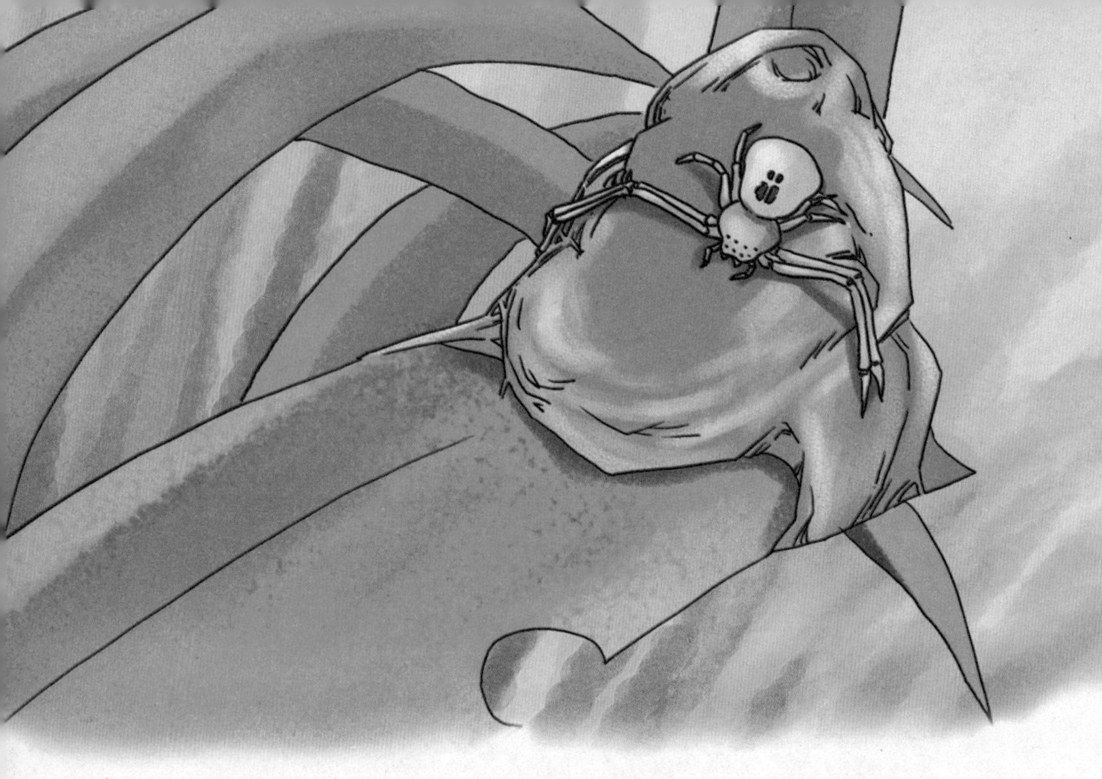

它们会在飞向别的地方之前好好休息几天。它们在树枝间织起一张交叉相错的网，像是停留在空中的一张沙发。它们便在这张空中沙发中休息。几天过后，它们便开始用丝线搭吊桥。

就在小蛛在树枝顶端忙碌的时候，我将这根载着它们的树枝挪到了靠窗口的桌子上，并将窗户打开。这些小蛛在做丝线的时候有些三心二意，所以吊桥搭得特别慢。它们有时候还会爬上爬下，完全不把制作自己的飞行工具放在心上。

如果是照这种速度下去的话，飞行器将永远做不好。但是它们又是那样迫不及待地要飞出去，我决定帮助它们一把。十一点多的时候，窗外的阳光非常好，我将树枝拿到窗栏上。这样一来，它们便能接收到阳光的能量了。果然，在阳光照到它们身上几分钟以后，它们便像发动的机器一样，动作变得迅速敏捷，纷纷在树枝顶端飞快地纺着线准备出发。

第一批飞走的蟹蛛有三只，但是它们的方向各不相同，自此就分道扬镳了。其他的蟹蛛也纷纷爬上顶端，趁着一阵风潇洒地飞去。它们的丝是那样的纤弱，不知道风会把它们带到哪里。

风把它们的丝扯成了两段，一段留在树枝上，一段被小蟹蛛当降落伞抱在怀中飘向了远处。它们越飞越远，跨越了四十尺外的柏树丛；越变越小，最后终于从我的视线中消失。它们的飞行姿势各不相同，有的飞得很高，有的飞得很低。有的朝南飞，有的朝北飞，散落到天涯海角。

先头部队开过以后，后面成群的小蟹蛛不能再三三两两地出发了，那样效率太低。它们开始呈放射线状，编队飞行。看来榜样的力量是无穷的，最早飞出去的那几只蟹蛛是它们中的英雄。后面的大部队在英雄的感染和激励下，也无所顾虑地冲向了蓝天。

它们中间有的会飞到很远的地方，有的会在近处便着陆，这与风向和它们的飞行高度有关。不过没关系，它们随遇而安，很快就能开始新生活。无论飞得多高、多远，怀中的降落伞都能保证它们安全着陆。

蟹蛛的故事到此就结束了。它们在新的环境中如何捕食，会受到什么威胁，会有哪些天敌，这些问题我统统都不知道。我只知道在第二年夏天的时候，长得肥肥胖胖的它们喜欢躲在花丛后面，偷袭那些全神贯注采蜜的蜜蜂。

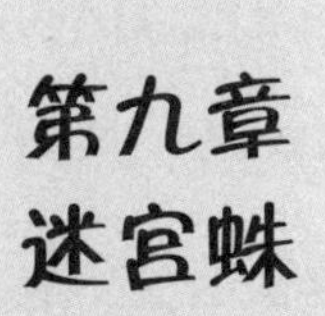

第九章 迷宫蛛

法布尔作品

蜘蛛织网就相当于人类纺织，它们是纺织方面的天才。这些网帮助它们不用自己出手就能捕获猎物。如果说它们这是“守株待兔”的话，这张网就是“株”。一些蜘蛛不善于织网，不过它们有一些其他绝技，同样可以帮助它们轻而易举地将猎物杀死。这样的蜘蛛实在是太多了，几乎所有以昆虫为主题的书中都会提到它们。

有一种蜘蛛叫美洲狼蛛，浑身是黑色的，像前面讲的欧洲狼蛛一样，也住在洞里。相对于欧洲狼蛛来说，美洲狼蛛的洞穴布置得要精致得多。比如说大门，欧洲狼蛛的洞口没有门，只有一堵用泥沙和废料砌成的矮墙；而美洲狼蛛的洞穴则有一道门，这扇门是由圆板、槽和栓子组成的，可以来回活动。当主人回家后，这扇门可以自己反锁，圆板会自动落进槽中。如果有破坏者在外面砸门的话，狼蛛只需在里面抵住柱子，便可以将不速之客拦在外面。

还有一种蜘蛛叫水蛛。它常常乘坐充满空气的潜水袋潜入水下。炎炎夏季，它到水下既可以避暑，又不妨碍捕食，真是一举两得。谁都想在酷暑季节能够潜入水底，也有人曾经尝试过。古罗马有一位暴君名叫泰比利斯，他就曾经让人给他修建一座水下皇宫，据说原材料是坚硬的大理石。这件事情历史中没有记载，只有一个支离破碎的传说，而水蛛的宫殿却是真实可见。

可惜我没有机会观察它们，不然的话，我一定能从它们身上找出一些人类还不知道的秘密。这只是一个美好的想法，永远不可能实现。因为在我生活的范围内，没有水蛛生活。美洲狼蛛也少得可怜，我只见过它一次。那是在我急匆匆地赶路的时候，偶然在路边发现的。当时我并没有停下来观察它。后来我再也没有见过它，最好的机会已经被我浪费掉了。

美洲狼蛛和水蛛都是非常少见的，但并不是只有稀有的昆虫才有研究的价值。普通的昆虫，如果仔细观察、认真研究的话，也会得到许多有意思的收获。我就在迷宫蛛身上花了很多时间和精力，这种常见的昆虫让我很着迷。当然，我的付出取得了回报，我了解到许多关于它的趣事。

七月的时候，我经常到树林中去观察迷宫蛛，孩子们也会跟着一起去。当时的天气很热，我们便带上一些橘子，路上口渴的时候便吃一个。

迷宫蛛所结的那种高大的丝质建筑在树林里很常见。有的还挂着露珠，露珠反射着太阳的光，看上去很璀璨，像是一串珍珠。这种景象孩子们都是第一次见到，每个人都张大嘴巴，看得发愣。能把孩子们迷成这样，迷宫蜘蛛真是了不起。

当然，只有在清晨的时候才有露水挂在网上面。等一会儿太阳出来之后，这些珍珠便蒸发了。到时候我们就可以专心研究这张大网了。那边有一张大网张在一丛蔷薇花上面，大小跟一块手帕差不多。把这张网固定在空中的丝线都系在附近的树丛中，这张网就像一层纱，又轻又柔。

这张网的形状像一个漏斗，四周都是平的，越到中间越往里凹，到了最中央就变成了一根管子。这根管子一直通到下面的花丛中，大约有八九寸长。

我们在这根管子的出口处发现了迷宫蛛。它的长相很普通，灰色的身体，两条很宽的黑带长在胸部，腹部有两条由白色和褐色斑点围成的细带。它身上唯一有特点的便是尾部长有一种“双尾”，这在普通的蜘蛛中很少见。它对我们的到访没有感到意外，也没有慌乱。

我本以为管子的底部会有一个休息室，里面将会被布置得很柔软、很舒适，迷宫蛛没事的时候可以在里面睡一觉。事实上，那里什么都没有，可能那只是便于遇到危险的时候往里面逃窜的吧！

将整张网挂在树丛中的那些丝线有长的，有短的；有垂直的，有倾斜的；有耷拉着的，有绷紧的，杂乱无章，像是一团乱麻挂在树丛中。这张网加上这些丝线，给人的感觉就像是一艘抛锚的巨轮。船是指网，挂着铁索的锚则是指那些混乱的丝线。这张网像是一个迷宫一样，除了迷宫蛛自己，恐怕再也没有谁能走得出去。同样，碰到这张网的昆虫，一般都会被这团乱麻束缚住。

迷宫蛛的网没有黏性，因此它就不能像其他蜘蛛的网那样黏住敌人。但是，它的网有自己的特点，那就是乱。往往撞到上面的昆虫没有被黏住，反而是被缠住。那些杂乱无章的丝线使得这张飘在半空中的网非常不稳定，昆虫撞到上面后便会因为站不稳而失足。倒在漏斗形网中的它们越挣扎陷得越深，直到最后落在网中央动弹不得。整个过程都被迷宫蛛看在眼里。等到猎物不再挣扎，它便上前享用美餐。

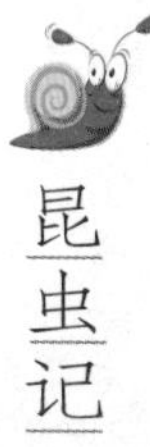

仿佛一切都在它意料之中一样。它得意地走上前去，不紧不慢地吮吸着敌人的血。至于那个不幸被吃掉的昆虫，它不会遭受太多的苦痛。因为迷宫蛛能释放出毒液，在它第一口咬下去之后，便能将敌人毒死。难怪迷宫蛛吃得那么从容。

有时候你会看到网还完好无损，迷宫蛛就在收拾着搬家，那就说明它快要产卵了。为了完成母亲的使命，它不得不舍弃自己辛辛苦苦织成的网，而且是一去不复返。可以看得出它有点儿不舍。要产卵就要先筑巢，它会把巢筑在哪里呢？迷宫蛛当然不会自己告诉我。我不得不满树林地找它的新家。最终，功夫不负有心人，我找到了它，并且发现了新的秘密。

它的巢造在离原先的网很远的地方。那个地方又脏又乱，地上到处是枯柴、杂草。就在这样的环境里，迷宫蛛织了一个丝囊。很明显，这个还算细致、精巧的丝囊便是它的巢。它的卵也一定产在里面。

千辛万苦好不容易才找到它的巢，没想到却是如此简陋，这多少令我有些失望。我认为环境的恶劣是主要的原因。在这样一个肮脏、杂乱的环境中，怎么可能做出一个完美的巢呢？它们连最起码的材料都没有地方收集。我想证实一下我的这种推断是否正确，便捉了六只要产卵的迷宫蛛带回实验室。我给它们布置了一个铁笼子，还有泥沙以及树枝。剩下的就是仔细观察它们，看看它们能不能创造出什么奇迹。

果然如我所料，它们在我的实验室中织出的丝囊比野外那些要白很多，而且外观也要精致。毫无疑问，这个实验非常成功。这也说明了迷宫蛛在舒适的工作环境中能做出更好的作品。下面让我们来仔细观察一下它们的巢。这些巢有鸡蛋大小，呈卵形，主要材料是白纱。卵的内部构造就跟迷宫蛛的网一样杂乱无章。看来，杂乱是迷宫蛛所有建筑的一贯风格。这种风格已经深深地印在了它们的脑子中，影响到生活的方方面面。

巢的墙壁是乳白色半透明状的，里面还装着一个卵囊。卵囊是一个灰白色的丝袋，外形酷似骑士的勋章。大约有十根柱子立在这个丝袋周边，作用是将卵囊固定在巢的中央。这些中间细、两头粗的柱子围在一起，形成了一个围廊。母蛛在这个围廊里焦急地转来转去，像是在产房外等着孩子降生的父亲。

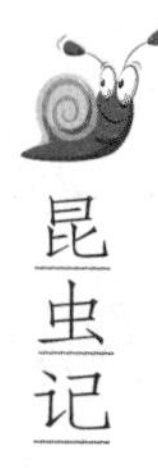

它是多么期盼能够听到孩子的第一声啼哭啊！迷宫蛛卵囊内的卵是淡黄色的，数量大概有一百万颗。

在巢最外层的白丝墙里面还有一层墙，这是我将外层揭去之后发现的。里面的那层墙上夹杂着一些小碎石，是一层泥墙。这些小碎石和泥是如何到巢里去的呢？巢的外层洁白如雪，这就说明不是下雨淋进去的。最后我们知道了，这是母蛛自己搬进去的。它制作一面泥墙的目的就是为了阻止一些强悍敌人的进攻，给子女创造一个安全的生活环境。

我们回过头来考虑一个问题，那就是母蛛为何不在自己的网边建巢，而要跑到很远的地方，这里面有什么道理呢？迷宫蛛的网非常特别，那种杂乱无章给我们留下了深刻的印象，高举在半空中也非常惹眼。这张网已经成为了迷宫蛛的一个标志，不仅在人们眼中是这样，在那些寄生虫眼中也是这样。试想一下，如果不搬家的话，寄生虫便会很容易地找到这张网，然后顺着这张网找到它的巢。寄生虫什么卑鄙的事情都能干的出来，它们会毫不犹豫地将迷宫蛛的卵吃掉。为了照顾好自己的子女，迷宫蛛不得不迁徙。不能因为贪图网给它带来的美食，而置自己子女的安全于不顾。它们选择新家地址的标准不是什么干净不干净、美观不美观，而是一定要安全。那些荆棘丛和迷迭香丛对它们来说非常合适，因为这些植被都很矮，几乎是贴着地面生长的，而且它们的叶子在冬季也不会脱落。选好地方之后，它们便开始筑巢、产卵。

产完卵之后，迷宫蛛会一直守在巢中。有许多蜘蛛产完卵之后便会离开巢。即使有不离开的，也大多是不吃东西，渐渐消瘦。而迷宫蛛则不同，它不但会留下来，而且会继续捕食。为了不引来寄生虫，它用丝织了一个小小的网。这张网继承了它以往的风格，还是那样杂乱，像是一团乱丝。这团乱丝能够帮助它捕食猎物、补充营养。

这时的它非常警觉，你在外面稍加骚扰，它便会跑出来看个究竟。在保护孩子方面，迷宫蛛算得上是尽职尽责。在别人都吃不下东西的时候，它的胃口还是那么好，这说明它还有很多事情要干。因为动物吃东西主要不是为了解馋，而是补充能量，满足身体需要和工作需要。

它还有什么工作要干呢？它这一生最重要的事情便是产卵，现在它已经产下卵了，那它还要干什么呢？这个问题我思考了很久，最后终于找到了答案。原来它每天的进食是帮助它充实丝腺，以便产出更多的丝。这些丝被它涂在了那层半透明的墙壁上。这种工作持续了一个月的时间，那层半透明的墙壁被它涂得厚厚的、严严实实的。

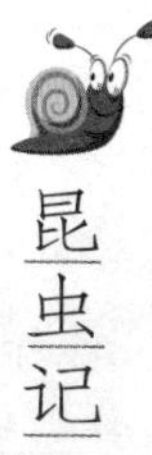

巢内的小蜘蛛会在九月中旬孵化出来，但是它们在冬天结束之前是不会出来的。巢内既温暖又舒适，比出来受冻强多了。不知道母蛛是否知道自己的子女已经出生了，它们整天还是忙着看守子女和织网。大自然给每种生物的寿命都安排了一个期限，迷宫蛛的寿命快到结束的时候了。此时的它们，可以明显看出已经变老了。不但行动迟缓，而且胃口大减，对我放到它们面前的蝗虫都无动于衷。这种状态一直持续了一个月左右，之后它们的生命就结束了。

它们在死之前，绝不离开巢半步。此时，巢内传出的欢声笑语成了它们最大的慰藉。十月底的时候，迷宫蛛的生命到了尽头。它为子女做的最后一件事情就是临死之前竭尽全力将巢壁咬破。作为母亲，它尽了该尽的责任。

来年春天，走出房间的小迷宫蛛会像狼蛛那样登上高处，吐丝搭桥，最后借助风的力量飘向各地。若是看到自己的子女都有了归宿，相信死去的迷宫蛛妈妈一定会很高兴。

第十章
蛛网的建筑

蜘蛛是一种很常见的昆虫，无论是路边还是花园中，都可以看到它们的身影。

傍晚的时候，很多人喜欢出来散步。这时你如果注意观察一下路边的灌木和草丛的话，就会发现许多蜘蛛留下的痕迹。若不是遇到紧急情况，蜘蛛的爬行速度一般很慢。我们可以找个地方坐下，慢慢地欣赏它们活动。世界上像我这样的人不多，因为观察蜘蛛确实不能为你带来什么。但是我从中体会到了乐趣，学到了知识，让我感觉到这是一件很有意思的事情。

我喜欢去观察那些小蜘蛛，因为它们是在白天工作，不像它们的母亲，都是晚上纺织。每年的某几个月份中，这些小蜘蛛都会在下午接近黄昏的时候开始工作。

这时的小蜘蛛们兴奋地从洞中爬出来，它们已经在居所里待了一整天了。它们工作的时候互不打扰，都待在自己的地盘上。这个时候，任何一只小蜘蛛都可以是你观察的对象。

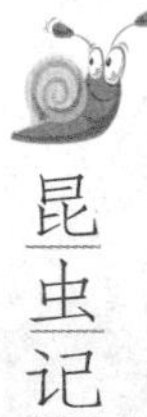

我选择了一只正在打“地基”的小蜘蛛作为观察对象。它非常忙碌，在迷迭香的花丛枝杈上爬来爬去。它的活动范围一般不超过十八寸，再远的地方它就无能为力了。它的丝是用后腿从身上拉出来的，不是我们想象中从口中吐出的。它的后腿跟梳子似的，非常适合干这种工作。这些丝的一端被固定住，然后蜘蛛一边拉丝，一边在活动范围内无规则地乱爬。在它不停地忙碌下，一个丝架子被它制好了。这个丝架的结构很不规则，上面的丝纵横交错。不过，这种结构使得这个丝架非常牢固。这个垂直的、扁平状的丝架就是我们上面说的“地基”。

最后，它将一根丝横穿过地基。这根丝非常细，它不是普通的丝，没有它“地基”就不可能牢固。

“地基”打好了，接下来它要开始做网。它从横穿地基的那根丝的中间开始往外爬，爬到丝

架边缘之后再原路返回；然后再向另一个方向爬，然后再返回。就这样，它一会儿向上，一会儿向下，一会儿向左，一会儿向右。在这个过程中它的速度非常快，一根根丝被它拉了出来，看上去就像是车轮上的辐条，不过没有辐条那样整齐规则。

如果没有看过它的工作过程，谁都以为它是按顺序织出的这些辐条。因为完工后的网非常整齐、非常规则。其实不是这样的，它在制作这些辐条的时候很随意，从一个方向回来之后，不假思索地又奔向了另一个方向。尽管没有按次序，但它会很微妙地控制平衡，不会让人感觉某一个方向的辐条特别密集，而另一个方向的特别稀疏。它这样做是有它的道理的，如果不同时向几个方向一起织的话，这个网的重心就会转移，网就会被扭曲。它要时刻保持这个网的平衡。

它们就是这样没有章法地工作着，但是最后却能织出整齐规则的网，这不能不说是一个奇迹。乱忙一通之后，辐条之间的距离竟然会完全相等，而且非常均匀。这些辐条共同构成了一个规则的圆。不同种类的蜘蛛织出的网不一样，上面的辐条数也不同。比如说角蛛，它的网上有二十一根辐条；而条纹蜘蛛有三十二根；丝光蛛的还要多，有四十二根。这个数目也不是绝对的，偶尔会多一根或者少一根，但是基本上是不变的。有时候，你光凭蜘蛛网就能辨别出它的主人是哪一类蜘蛛。

它没有使用任何仪器，也没有借助任何工具，甚至都没有经过练习，但是它能将一个圆完整等分。除了蜘蛛以外，应该没有其他动物能做到了吧。它甚至都没有一个安定的工作环境，它工作的时候要背着一个大背包，里面装满了它需要的丝；脚下的丝颤颤巍巍，在风中不停地摇摆。这样的工作环境根本不容它多加思考，它只能迅速、随意地从圆心出发，向各个方向奔波。它的工作方法杂乱无章，从中看不出任何几何原理。但它就是用这种不按套路的方法取得了有规则的成果。我总会感觉它是在误打误撞，但是每次结果出来之后，我都不得不心服口服。它是如何做到的呢？我至今没搞明白。

辐条都织好了，下一步就是从圆心开始搭着这些辐条织出螺旋形的圆圈。这是一项非常精致的工作，要求比较高。原先辐条之间并没有连接，它现在要用一种比较细的丝把相邻的辐条都连接起来，这些丝不断地在辐条上面绕着圆圈，最终形成了一张网。越是往外沿绕去，用的丝就越粗，因为那里需要承受的重量更大，而且圈与圈之间的距离也越拉越大。等绕完最外面一圈的时候，这张网就初具规模了。

在蜘蛛的网中我们只会发现直线和折线，不会发现曲线。辐条之间的连接围成了一个圈，但它并不是一个精准的圆。

这张网到现在为止还没有完工，它还要从外沿向圆心绕圈。这次的工作比上一次还要精致，因为这一次绕的圈更密，圈数自然也就更多。

它在绕圈的时候动作很快，根本看不清楚，只觉得眼花缭乱。我只能看到蜘蛛在那里跳跃和扭动身躯。如果想知道它具体是如何工作的，就需要把它的动作放慢分解。它工作的过程是这样的：一条腿负责抽丝，然后把抽出的丝绞到另外一条腿上，另外一条腿就会把丝在辐条上轻轻一按。蜘蛛的丝是有黏性的，所以很容易就粘在了上面。就这样，它的丝一直从外沿绕到圆心。

有两种蜘蛛会在自己的网上打上标记，它们就是条纹蛛和丝光蛛。这个标记是一条锯齿形的丝带，一般会织在网的下部边缘。有时候它们还会在网的上部边缘也织一个，以表明自己对这张网有绝对的所有权。

在同一张蜘蛛网中可能会有好几种丝，做辐条用的丝与绕在辐条上围成圈的丝就不同。后者看上去像是一条丝带，拿到太阳底下看还会闪闪发光。我用显微镜仔细观察了这种丝，结果让我非常震惊。

这种丝非常细，细得让人经常将它忽略，但是我在显微镜下发现，这居然不是一根丝，而是由几根更细的丝缠在一起编成的。更令人不敢相信的是，这几根丝都是空心的，有一种黏液藏在这些空心里。这些浓厚的黏液有时候会从丝端滴下来。蜘蛛的丝之所以有黏性，靠的就是这些黏液。为了测试这些黏液的黏性，我做了一个小实验：我取来一片叶子，轻轻地去碰这张网，结果

一下子就被黏住了。蜘蛛捕食主要靠的就是网的黏性，只要是碰到了这张网，没有哪种昆虫能逃脱得了。一个新的问题出来了：蜘蛛的网能黏住植物，也能黏住昆虫，那为什么黏不住它自己呢？

蜘蛛大部分时间都是坐在网中央的，我起初认为它不会被自己的网黏住是因为那里的丝没有黏性。这是一种很勉强的说法，因为它不可能总坐在网中央。如果有猎物撞到网上，无论是在中央还是边缘，蜘蛛都得过去吐丝，将其缠住。那么，这个时候蜘蛛怎样避免自己被黏住呢？难道它的脚上抹了油吗？或者是跟油差不多的东西。

为了得到答案，我不得不牺牲一只蜘蛛。我将它的一条腿切下来，并泡在二氧化碳中。一个小时之后，我用一把小刷子沾着二氧化碳，将这根蜘蛛腿仔细地刷了一遍。之所以要用二氧化碳，是因为它能溶解掉脂肪类的东西，包括蜘蛛腿上的油——如果真的有的话。现在我将这条清洗过的蜘蛛腿放到蜘蛛网上，结果这条腿被牢牢黏住了！这说明蜘蛛的腿上和身体上确实是有一种特别的东西来保护它们不被自己的网黏住。但是这种特殊

的物质是有限的，为了避免浪费，它们便很少活动，所以我们总是见它停留在黏性较小的网中央。

我还从实验中得知了一个关于蜘蛛网的秘密，在辐条上绕成圈的那些细丝有很好的吸水性。这样一来，即使是在炎热的夏季，丝网也能保持弹性和黏度，不会变得干燥。这都多亏了那些吸收空气中水分的细丝线。如果在织网过程中遇到了潮湿天气，蜘蛛会立即停止在网上绕圈。这些细丝线吸收水分是会饱和的，如果让它们吸收水分太多，以后就起不到解潮的作用了。无论从技巧还是外形来看，蜘蛛的网都非常精致。尽管如此，这张网不过是用来捕捉那些没头脑的虫子罢了，真是有点屈才。

蜘蛛工作起来非常勤奋，一点儿都不比蜜蜂差。制造一个网需要的各种丝加起来得有几十码长。这些丝源源不断地从它们弱小的躯体里面扯出来。我观察过一只角蛛，它每天都要修补自己的网，一直持续了两个月。这么多的丝并没有将小蜘蛛的身体抽垮，丝的质量也一直是那么有弹性。

小小的蜘蛛太神奇了，它身上的好多疑问至今我都百思不得其解。它为什么能产出那么多的丝？它是如何将几根细丝搓成一根粗丝的？又是如何把黏液装进丝的空心处的？它为什么能根据不同的需要吐出不同的丝？这些问题就只能期待大家来解答了。

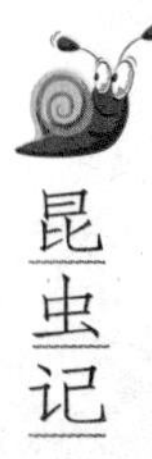

第十一章
蛛网上的电报线

圆蛛科是蜘蛛中的一类，条纹蜘蛛和丝光蜘蛛都属于这一科。这科中也只有它们这两种蜘蛛会经常待在网中央，即使是烈日当头也不肯到阴凉处歇一歇。至于其他的蜘蛛，白天连个影子都见不到，它们一般会选择白天休息。它们通常会在离网不远的地方，用丝线和树叶给自己卷一个隐蔽的场所，然后躲在其中。在那里它们一动也不动，你不知道它们是在睡觉，还是在思考。

对于蜘蛛们来说，这些网晚上被拿来当床，白天则是陷阱。阳光明媚的天气是最好的捕食时机。这样的天气中昆虫会异常活跃，总有一些没有头脑的昆虫撞到网上。这些昆虫中既有活泼好动的蝗虫，也有快乐飞行的蜻蜓。无论是谁，只要触到这张网，躲在离网不远处的蜘蛛便会迅速跑过来。它们是怎么知道有昆虫撞到了网上的呢？它们明明在那里闭目养神。让我来揭开这个谜底。

它们并没有亲眼看到有猎物撞到网上，但是它们感觉到了网的振动。这才是它们能第一时间知道有鱼上钩的原因。这个说法是我通过实验得出来的结论。我找来一只蝗虫的尸体，把它轻轻地放到了网上，尽量不引起网的震动。不用说躲在远处的蜘蛛，就连在网上趴着的蜘蛛都没有发现网上多了什么东西。我把这具蝗虫的尸体向它们身边挪了一下，结果还是没有被发现。我怀疑这些蜘蛛都有严重的近视。

后来，我用一根草棒戳了一下蝗虫，网也跟着晃了起来。这时，无论是网中央的，还是躲在不远处的蜘蛛都飞速地跑了过来。接下去就是一贯的步骤，用丝将猎物包裹起来，然后吃掉。这就很清楚地表明，向蜘蛛传达敌人情报的是蛛网的震动，

而不是其他的什么途径。

蜘蛛们又是如何感受到网的震动的呢？除了少数待在网上的蜘蛛以外，大部分蜘蛛都是待在网下的隐居地的。但如果你仔细观察的话，就会发现一根连接网中心与蜘蛛隐居地的丝线。大部分蜘蛛的这根丝线有二十多寸长，具体长短要视蛛网与隐居地之间的距离而定。比如说角蛛，它们的这根丝线可以长达八九尺，这是因为它们和一般蜘蛛不一样，它们隐居在高树上。

首先这根丝线起着桥梁的作用，蜘蛛通过它可以直接从地上爬到网上，或者从网上返回到地上。当然，这不是这根线的唯一作用。要是单纯起到一个连接作用的话，这根丝线就没必要从网中央连到地上了，可以直接从网的边缘连到地上，这样一来，既省了丝线，也省了攀爬的时间。这根丝线的另外一个作用就是传递信号，就像一根电报线那样。这也是为什么它非要连接在网中心的原因了。因为所有的辐条都在网中心交汇，这样，就不会忽略任何一根辐条上面发生的震动了。只要有猎物撞到蛛网上，无论是在蛛网的哪一部分，振动波都会首先顺着辐条传到网中心，然后再从网中心通过那根丝线传到地面上蜘蛛休息的地方。这样，即使是躲在高树上的角蛛，也能迅速得到有猎物的消息。

通过这种电报线接收情报是一项技术活，需要有足够的耐心。年轻的蜘蛛们耐不住性子，到处活动，自然接不到情报。

而那些老蜘蛛们，它们看似是在闭目养神，或者是默默思考，但其实它们一刻也没有放松对电报线的留心。当远方传来情报时，它们一般都能接收到。

这种长时间的精神高度集中是非常费体力的。但是，如果一时疏忽，就可能错过网上传来的情报。为了节省体力，不那么辛苦，同时为了不错过对蛛网上的监视，蜘蛛们便把这根电报线搁在自己的腿上。这样的事情，我就亲眼见过。

一天，我偶然发现了一张角蛛的蛛网。这张网非常大，结在两棵相距一码的常青树间。当时太阳已经升起，丝网在阳光的照耀下闪闪发光。它的主人现在肯定藏在居所里，白天它是不会出来活动的，尤其是有太阳的时候。想要找到它很容易，只需顺着电报线寻到另一头。我就是用这种办法找到它的居所的，那是一个用枯叶和丝线织成的圆筒。角蛛把整个身体都塞了进去，由此可见这个居所很深。

它在居所里的时候是头冲下，这种情况下，即使眼睛再好也不可能看到网上的情况。何况蜘蛛高度近视，连眼前的东西都看不清。难道它对蛛网上发生的事情真的就不管不问吗？让我们观察一下再说。

不一会儿角蛛将后腿伸出了屋外，腿上分明系着一根丝线，这正是我要寻找的那根电报线。原来它一直在默默地关注着蛛网上的动静，只不过通过的不是眼睛，而是脚。我不知道它等

猎物等了多长时间了，我决定送它一顿美餐。我将一只蝗虫放到了它的网上。接下来发生的事情跟我想象的一样，蝗虫引起了网的振动，这股振动又通过电报线传到了角蛛的脚上，角蛛如箭一般向蛛网上的猎物赶来。角蛛得到了食物，我则得到了知识和乐趣。我们对此都很满意。

有人会问，蛛网是挂在半空中的，微风吹来，网就会摇晃。蜘蛛是怎么区分这种风吹的摇晃和猎物造成的振动的？当风吹过蛛网的时候，蛛网随风颠簸，但是电报线另一端的蜘蛛毫无反应，该干吗干吗。该养神的还在养神，该沉思的还在沉思。对于这种假情报，对于风的这种玩笑和伎俩，它们一望便知，绝不上当。这就是蜘蛛的另一个无法解释的绝技，能用脚通过电报线辨别出昆虫和风所释放出的不同信号。

第十二章
蛛网中的几何学

我的花园里生活着好几种蜘蛛，有丝光蛛，也有条纹蛛。我在观察它们的网时发现了一个很有趣的现象：尽管不同蜘蛛的网辐条数各不相同，但是它们有一个共同的特点。这个特点也适用于任何一个蜘蛛网。那就是辐条排列均匀，相邻辐条所成的角度大小一致。这就导致每个网都被分成了若干等份儿。同一种蜘蛛织的网辐条数相同，被分成的份数也相同。

蜘蛛织网的方式我们上面已经讲过了。它杂乱无章地朝各个方向跳跃，却制造出了一个非常规则的网。网挂在半空中，就像是教堂墙上的彩绘玻璃一样美丽。这样规则的网，即使是让设计家用圆规、尺子在纸上画，也画不出来。

蜘网上有很多同心圆，它们被伸向各个方向的辐条切割成了一个个并挨着的扇形。每个扇形中从顶角到外沿都有许多弦，也就是连接两根辐条的细线。这些弦互相平行，越靠近圆心，弦之间的距离越小。每条弦与扇形的两条边相交会成四个角，

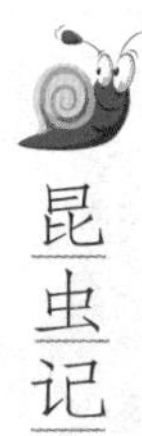

弦上面两个，弦下面两个。上面的两个角都是钝角，下面的两个都是锐角。同一个扇形里面，不同的弦与两条边相交得到的所有钝角的度数相同，锐角也是一样，因为这些弦都是平行线。

不仅如此，这些钝角和锐角的度数，与其他扇形中钝角和锐角的度数也是一样的。这就说明，每条丝线与相邻两根辐条相交所得的钝角和锐角，与其他丝线与相邻辐条相交所得的钝角和锐角是相同的。

数学界有一种非常有名的曲线叫“对数螺线”。这种螺线永无止境，看似越绕越小，但是永远不会绕到尽头。就像圆周率一样，小数点后面位数越多越精确，但是永远得不到一个准确的数字。这种没有尽头的概念，比如圆周率、对数螺线，一般只会出现在科学家们的脑子里，现实中用不到。但是小蜘蛛竟然也懂得这些东西，让人不得不佩服。它们的蛛网便是依照对数螺线来绕的，

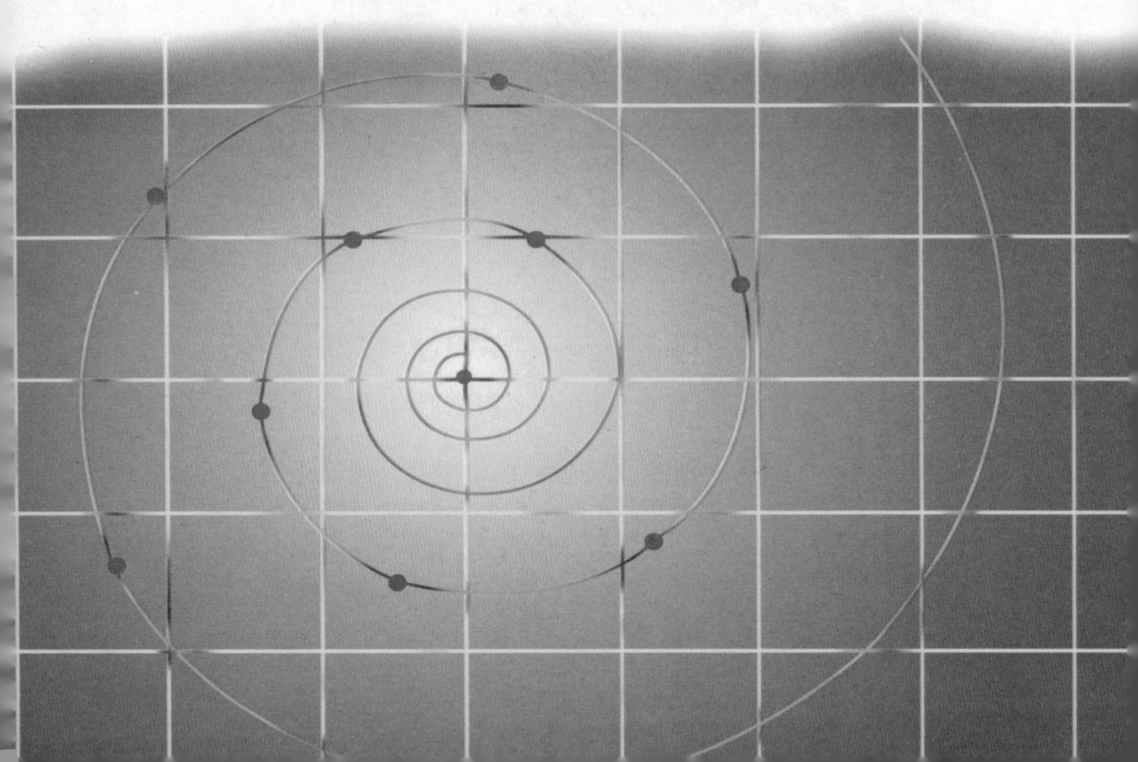

并且非常精确。

很多数学家、科学家都对对数螺线着迷，还有的人一生致力于研究这些东西。有一位数学教授发现了对数螺线的某个定理，人们在他死后将这条定理刻在他的墓碑上。可见这是一件多么让人感到光荣的事情。

人们实在是不明白这些概念、定理之类的东西对日常生活有什么用。难道它们就只是一个客观存在吗？难道它们对人们的生活就没有一点儿影响吗？

当然不是，对数螺线在我们的生活中无处不见。除了蜘蛛以外，还有很多动物的巢穴都是遵循对数螺线建的，蜗牛便是其中最早的一个。大家观察一下蜗牛壳上的纹路，难道不正是一个对数螺线吗？它们早在亿万年前便懂得了这个定律。

在其他壳类动物的化石中，也经常发现对数螺线。现在，南海中还生活着一种鹦鹉螺，它的祖先能追溯到太古时代。亿万年过去了，它们的外貌没有发生一点儿变化。它们的壳依然是依照对数螺线设计的，还是祖先那副模样。不用说遥远的南海，就是我们家附近水池中很普通的螺，它的壳都符合对数螺线。对数螺线真的是非常普遍，无处不在。

这些高深莫测的数学定律被它们随意地运用，是谁传授给它们这些知识的呢？有一种说法挺有趣。说蜗牛的祖先是一种蠕虫，无意中发现揪住自己的尾巴把自己绞成螺旋形是一件很

舒服的事情。于是它便经常一边做着这个动作，一边晒太阳，时间长了它便变成了这副模样，身体变成了螺旋形。

那蜘蛛呢？它的祖先可不是蠕虫，也没人教授它们，它们为何能将这种螺线娴熟地应用于自己的网中呢？蜘蛛的网只需要一个小时就能造好，但是看上去比需要几年时间才能造好的蜗牛的壳还要精致。是谁赐予它这种天赋的呢？我们只能说是神圣的大自然。这种天赋就像一些植物的花瓣会很规则地排列一样，是不需要人去教，也没有为什么的。有的时候，在我们眼中高明的东西是它们唯一的技巧。除此之外，它们不会运用其他方法。好比蜘蛛，我们觉得它会运用深奥的对数螺线来织网很了不起。事实上，你要是让它织个简单的三角形或者四方形，它反而会举手无措。这就是本能，这就是神奇的大自然。

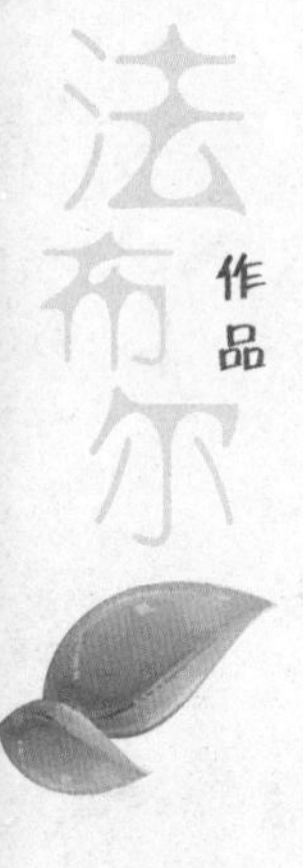

几何学无处不在，我们在蜘蛛织的网中发现了它；我们在蜗牛的壳上发现了它；我们在铁杉果的鳞片中发现了它；当我们仰望星空，我们还会在行星运行的轨道上发现它。小到原子大到宇宙，这门无处不在、无时不在的学科，仿佛统治了世间的一切。

大自然告诉我们，宇宙中有一位万能神。它同时还是一位几何学家，宇宙间的一切东西都已经被它测量过，并制定出了相关的规则。这样一来，许多搞不清楚的问题便会解决。那种说蠕虫变成蜗牛，然后有了螺旋贝壳的说法，听起来有些差强人意。倒不如说是万能的神赐予它的本能，这种说法似乎更恰当。

第十三章 克罗多蜘蛛

克罗多蜘蛛是一种很漂亮的蜘蛛，它那奇怪的名字来自古希腊的一位女神。这位女神主管纺线，是古希腊三位命运女神中最年幼的一位。这种蜘蛛就是因为精通纺线，所以才被人们以这位女神的名字命名。它纺出的线精美、舒适，是一位地地道道的纺织大师。

下面我们就去认识一下克罗多蜘蛛。它们的家一般会安在有岩石的斜坡上。山坡上到处都是大小不一的石块，还有牧童堆起的石堆。牧童用这些石堆来代替凳子，坐在上面，无论山脚下的牛羊跑到哪里都能看到。我们要翻的是那种不大不小的石块，还有牧童的小石堆，因为克罗多蜘蛛就喜欢在这些地方安家。也不是每次都能找到克罗多蜘蛛，毕竟它们在世界上比较稀缺，而且只生活在少数几个地方。

如果你的运气好的话，你会在石块底下发现克罗多蜘蛛的宫殿。这个宫殿的大小跟半个梅子差不多，形状像是把穹形

屋顶翻转了过来，一些小贝壳、泥土和干掉的虫子挂在外面。十二个扇蛤固定在穹形顶的边缘，尖尖地伸向各个方向。

刚开始我找不到这个宫殿的门口在哪儿，虽然周围有许多拱，但是它们都不通向房子里面。那么主人是如何进出的呢？难道有暗道吗？

我找了一根稻草做工具，戳了一下拱形的开口处，发现这扇门是反锁的。但是，你试着轻轻地用力，就会将稻草插进去。两扇门中间会露出一条小缝，像是微微张开的两片嘴唇。原来克罗多蜘蛛的门是有弹性的，可以自己关闭。

这两扇门在克罗多蜘蛛的生活中起到很重要的作用，可以帮它躲避敌人的追杀。试想一下，当它被敌人穷追不舍的时候，它就冲向这扇门。只需它轻轻一碰，这扇门自己就会打开。等它进去后，这扇门就会自己闭上。如果它觉得不放心，还可以用几根丝把门里面缠住，就像上了一把内锁的门一样。这扇门十分隐蔽，从外面基本看不出来。敌人很纳闷儿，怎么一转眼就不见了呢？一会儿之后，便带着疑惑飞走了。克罗多蜘蛛便逃过一劫。

既然把门打开了，那就让我们到里面去看一下。克罗多蜘蛛的宫殿内部非常豪华奢侈。有这样一个神话故事，讲的是一位公主非常难伺候，哪怕是身下的床单有一点儿褶皱，她都会睡不好觉。克罗多蜘蛛和这位公主有些类似。无论是它的床，还是床上的毯子、被子，都非常整洁、柔软。克罗多蜘蛛便生活在这种奢侈的环境中。

迄今为止，我们还没有好好打量一下克罗多蜘蛛。它身着一袭黑衣，后背上有五个明显的黄色斑点，像是徽章一样，腿很短。

这座宫殿身处半山坡，必须要建得坚固，这样才能在里面安稳地生活，尤其是在大风大雨的恶劣天气中。那么，克罗多蜘蛛是如何将房子建得如此坚固的呢？仔细观察便会发现，整个屋子是由许多拱门支撑着的，而这些拱门都被固定在了石头上。是用什么固定的呢？是克罗多蜘蛛吐出的丝。这些丝就像是一根根的绳子，将屋子与石头紧紧地连在了一起。所以，屋子会非常牢固。

与室内的整洁、舒适相比，室外的情形完全相反，到处堆满了垃圾，一片狼藉。这些垃圾有腐烂了的木屑、脏乱的泥沙等，有时候还会有一些动物尸体。这些尸体大都被太阳晒得发干发白了，一般有甲虫、千足虫，还有破碎的蜗牛壳，等等。

这种蜘蛛很朴实，它没有什么高超的猎食技巧，完全是靠自己的真本领吃饭。当看到有小虫在石块间蹦来蹦去，或者是有的昆虫比较冒失，跳到它的洞口前的时候，它便会将对方逮住，美餐一顿。有时候，太阳会把它没吃完的昆虫晒干成标本。

即使如此，克罗多蜘蛛也不舍得把它们扔掉，而是挂在室外的墙上。是用来炫耀自己，还是恐吓不速之客？无人知晓。

被扔到外面的和挂在墙上的蜗牛壳，大部分是一些碎片。偶尔也有完整的蜗牛壳，里面藏着活着的蜗牛。由于蜗牛藏在壳的深处，蜘蛛接触不到，而且它也没有力气将蜗牛壳打破，便只能扔到外面，或者挂到墙上。那它为什么收集这么多蜗牛呢？

经过我对昆虫的观察，我觉得克罗多蜘蛛是在利用蜗牛使自己的房子更坚固。将蜗牛壳挂在墙上就能令房子坚固吗？对，就是这样。一些蜘蛛在结网的时候，为了使网更坚固、更平衡，它们会在其中掺入小石子、沙粒等重物。克罗多蜘蛛将蜗牛挂在墙上也是这个道理。这些挂在外壁四周的重物使得房子更平衡、更坚固；还使得房子的重心降低，更稳定。克罗多蜘蛛懒得出去找材料，便随手将身边现成的昆虫尸体、空壳挂到了墙上。这样既清理了垃圾，又固定了房屋，一举两得。

现在还剩下一个问题，那就是它在屋子里都干些什么呢？还从事什么其他劳动吗？我观察了一段时间之后发现，它什么都不做。它已经在洞外填饱了肚子，回到洞内后它舒展着腿脚，躺在舒适的毯子上。它并没有睡觉，只是在那里静静地躺着。你不知道它在想什么，仿佛它又什么都没想。就像我们劳累了一天，舒服地躺在床上，在入睡前的那一刻感受到的那种幸福一样。克罗多蜘蛛在巢中每时每刻都在感受这种幸福。

第十四章 胭脂虫

五月的时候，阳光明媚，天气已经转暖。圣栎树也长出了一簇簇的枝叶。还有胭脂栎，这是一种长满小尖叶的灌木，它们丛生在一起，组成了杂乱无章的灌木丛。虽然矮小，但是这种栎树什么都不缺。不信你看，我们从圣栎树上能采到坚果，在它身上照样能采到。其他的栎树我们就不去看了，尤其是英格兰栎树，实在是太普通。我们想要的东西，只有在圣栎树和胭脂栎树上面才能找到。

我们会在这些栎树上发现一些小球，它们有豌豆大小，个个乌黑油亮，三三两两地聚集在一起。这其实是一种昆虫，叫做胭脂虫。这种昆虫非常奇特，光从外表看，不知道的人还以为是树上结的果实呢！有人将它放进嘴里用牙去咬，它便会崩裂，尝起来是微微的苦中带着一点儿甜的滋味，更会让人以为这是一种果实。

这种非常可口的果实，就是胭脂虫，是一种货真价实的昆

虫。让我们仔细观察一下它，看看它是如何迷惑大家的。结果是我用放大镜仔细地找了半天，居然没有发现它的头部、腹部和肢体；这个黑色的小球就像是一颗珠子。树上的所有小球都一模一样，就像是同一个机器中生产出来的。珠子的表面非常光滑，看不出任何体节。那它有没有微微颤动呢？它呼吸的时候肯定要动的。我观察到的结果是它像是一块石头一样，纹丝不动，一点儿生命的迹象也没有。

小球的下部是与树枝、树叶接触的地方，在那个部位可能会发现一些动物的特征。从树上将这些珠子摘下来很容易，就像摘一颗小小的果实一样。摘下的小球完好无损，在根部有一个小坑，里面有一个小孔，一些黏液从孔中流出形成了一层蜡质。我把小球放入酒精中浸泡，那层蜡质在浸泡了一天之后终于融化了，我想要观察的那个部位也露了出来。

将小球固定在树上的应该是它的爪子，可即使借助了放大镜的帮助，我依然没有将其发现。它们生活在树上，应该依靠树的养分生存。根据以往经验，我推测它应该有一根类似吸管的东西可以插入树皮，汲取养分。但是，这根吸管也没被我发现。尽管底部不如其他地方光滑，还有一个带孔的小坑，但是在这里什么都没发现。这就怪了，难道胭脂虫与树枝、树叶的关系就仅仅是一个依附关系吗？

事情肯定不会是这样的。黑黑的圆珠子不停地从树上汲取养分，身体也在不断地生长。同时，一种有甜味的黏液不断地从它的体内流出，就像是打翻了一桶甜酒一样。持续不断地流出如此多的体液，它必须保持不断的摄入才行。它一定有一个喙来帮助它在树皮上打孔，以获得树皮内丰盛的汁液。我们之所以没发现，可能是因为这个喙太小了，小到肉眼无法识别。至于它的吸管，可能在我将它从树上摘下的那一刻，迅速地缩回了体内。而这一切，肉眼根本无法观察到。

我们上面已经介绍过胭脂虫底部的那个小坑了，那个部位负责着胭脂虫与外界全部的联系。谁也不知道这里一共有多少功能，第一个功能便是往外排泄黏液。

我折回几枝带有胭脂虫的栎树树枝，将其插入一个水瓶中。瓶中的水可以保证树叶不会立即枯萎，这样，上面的胭脂虫可以继续生活。不一会儿，我就看到一股无色透明的液体从小球底端的孔中流出。这些液体不间断地流了两天，在树枝上集结成一个大水珠。当树枝挂不动它们之后，便滴落下来。一个水珠滴落，下一个水珠又在集结。就像泉眼源源不断地往外输送泉水一样，这个小孔也从不间歇。如果这是眼泪的话，谁知道胭脂虫到底该有多忧伤。

我用手指沾了一下这些液体，送到嘴里尝了尝。嗯，味道好极了！非常清爽、非常甘甜，比起蜂蜜来毫不逊色。如果可以像饲养蜜蜂那样饲养胭脂虫的话，就有更多人可以享用这种饮品了。它也会成为继蜜蜂之后的第二大甜品制造商。

最后，我不得不采取最为极端的一种方式来观察它，那就是将它打开。它的外壳非常脆，轻轻一捏就开了，里面有一团虫卵，结构十分简单。我没有从中找到什么酿酒设备，也没找到喙和吸管，只看到堆积在一起的卵粒。苦苦地观察了三个星期，得到的结果竟然是这样：所谓的胭脂虫，不过是一个容器而已，里面盛满了某种虫子的卵。

第十五章
萤火虫

在各种昆虫中，能够发光的很少。但是有这么一种昆虫，它就是以发光而出名的。这是一种稀奇的小动物，为了表达它对快乐生活的美好祝愿，它把一盏灯挂在了自己的尾巴上。即便我们未曾与它相识，也不曾与它谋面，单从它的名字上我们就可以多少知道它是什么样子。古代的时候，希腊人曾经给它

起了很形象的一个名字：亮尾巴。到了现代，科学家们则给它起了一个新的名字，叫做萤火虫。

萤火虫的六条腿都很短，但是它知道如何去发挥这些短足的长处。有的时候，我们不得不承认它是一位真正的闲游家。随着雄性的萤火虫发育越来越完全，它会生长出像甲虫一样的翅盖。其实，它本身就是一只甲虫。相对于雄性的萤火虫来说，雌性的萤火虫对于飞行的快乐一无所知。可怜的它们终生都处于幼虫的状态，似乎永远长不大，也永远不会懂得世上有自由飞行这种快乐可以享受。

虽然人们喜欢叫它发光的蠕虫，但无论从哪一方面来看，萤火虫都不是蠕虫，尤其是外表。对于没有一点儿保护和遮掩的动物，我们法国人经常会用“像蠕虫一样”来形容。萤火虫不一样，它是有衣服的。它的外皮就是它的衣服，可以起到保护作用。它的衣服颜色非常丰富，它全身黑棕色，胸部有一些微红，还有一些粉红色的斑点装饰在它身体每一节的边沿部位。蠕虫是不会穿衣服的，更不用说这么色彩斑斓的衣服了。

萤火虫有两个特点最有意思：第一，就是它如何获取食物；第二，就是身体会发光。

有一位著名的法国科学家，他主要研究食物。他跟我说过：“只要让我知道你吃的是什么东西，我就会告诉你，你究竟是什么东西。”

同样，这个道理用在任何昆虫身上都合适。要想研究昆虫们的生活习性，就必须研究它的饮食。因为“民以食为天”，饮食是动物生活中最主要的问题，所以也就不可避免地成为了我们应该重点研究的问题。

单从外表来看，萤火虫这种昆虫似乎是既善良又可爱。但事实上，它却是一种食肉动物，并且凶猛无比。它猎取山珍野味的方法非常凶恶，就像一个狡猾的猎人。看来，它那副清纯善良的外表不过是用来迷惑众人的一个假象。被它俘虏最多的要数蜗牛了，这一点很多人都知道。鲜为人知的是它的那些稀奇古怪的捕食方法，至少这些方法我在其他的地方还没有看到过。

下面就具体介绍一下萤火虫的这种捕食方法。人类在动手术之前都会先接受麻醉，等慢慢失去知觉就不会觉得痛。同样的道理，萤火虫在捕食它的俘虏之前，也要先给对方打上一剂麻醉药，让对方失去知觉的同时也失去抵抗能力。通常情况下，蜗牛是萤火虫所猎取的主要食物。这些蜗牛都很小，比樱桃大的都很少见。当气候炎热的时候，大群的蜗牛就会聚集在路边乘凉。路旁边的枯草上、麦根上到处都有它们的身影。可能是因为天气太热，它们一动也不动，仿佛一动就会招来热气。整个炎热的夏天，它们都是如此。我经常会在这些地方看到萤火虫，大多时候它们都是在咀嚼着被自己麻醉的俘虏。

蛍火虫可以捕获食物的地方有很多，除了上面说的路边的枯

草、麦根以外，一些沟渠中的杂草丛它们也经常光顾。因为这些地方又阴凉又潮湿，有大量的蜗牛出没。萤火虫怎么会放过这样丰盛的美餐呢？它们通常都是将俘虏就地杀死、就地吃掉，整场战斗干净利落。我可以在自家的屋子里制造出这种环境，把萤火虫吸引到这里来。也就是说，我能制造出一片战场，让萤火虫在上面战斗。同时，我也可以借此机会仔细观察一下萤火虫。

这是一种奇怪的情形，下面我就来叙述一下。我首先准备了一个大玻璃瓶，然后往里面放了一些小草，再往里面放入一些大小适中的蜗牛和几只萤火虫。一切就绪之后需要我们做的就是等待，必须要有耐心。除了要有耐心以外，还要细心。要时刻留心观察瓶中发生的一切动静，哪怕是一些微小的动作也不能轻易放过。因为你不知道萤火虫会在什么时候开始进攻，而且战斗只会持续一小会儿。因此，我必须目不转睛地盯住瓶内的一举一动。

没过多久，瓶中就开始上演好戏。

萤火虫已经开始打蜗牛的主意了，看来蜗牛对于萤火虫的吸引力是难以抗拒的。一般来说，蜗牛习惯把躯体全部都隐藏在背上的壳中，除去外套膜边缘的地方会微微露出一点儿以外。猎人已经摩拳擦掌，准备向猎物发起总攻了。首先我给大家介绍一下萤火虫的兵器。这件兵器十分细小，如果不借助放大镜的话是看不到的。萤火虫的身上有一把钩子，是由两片颚弯曲起来合拢到一起形成的。这把钩子尖利、细小，像一根毛发一样。在显微镜下面可以发现，这把钩子上面有一条沟槽。这件兵器看上去好像没有什么特别的地方，然而，萤火虫正是用它置无数对手于死地的。

萤火虫用这件小小的武器反复地攻击蜗牛露在壳外面的身体，不停地刺进又拔出。此时，萤火虫表现出来的表情却不是凶狠、恶毒，而是神情温和。乍一看，这哪里是猎人在捕杀俘虏，简直就像是双方在互相暧昧、亲昵。

小孩子在一起玩耍的时候，有时会用两根手指头捏住对方的皮肤轻轻地揉搓。实际上，这种动作并不是真正生气之后的打斗，而是近乎相互搔痒。萤火虫在与蜗牛战斗的时候，也是给人这样一种感觉。

萤火虫在进攻蜗牛时，很有自己的一套。它从来都是不慌不忙，一点儿也不着急，很有章法的。它每用武器刺对方一下，便停下来一小会儿，仿佛是要测试一下自己这一次进攻的效果一样。这样的进攻不会太多，最多也就五六次，不过已经足矣。

几次进攻之后蜗牛便不省人事，动弹不得了。不过让我感到奇怪的是，在后来萤火虫开始吃掉蜗牛的时候还会再刺它几下。看样子这几下是很关键的，但是此时的蜗牛已经动弹不得，成了俎上鱼肉，为何还要再刺几下呢？这个问题的答案对我来说，至今还是一个谜。萤火虫在做这一切的时候非常迅速、敏捷，把毒汁从沟槽中传送到蜗牛的身上只是一瞬间的事情，需要非常仔细地观察才能看到。

萤火虫对蜗牛进行刺击的时侯，蜗牛是不会感觉到痛苦的。这一点毋庸置疑。为了得到验证，我曾经做过一个小小的实验。当时一只萤火虫正在进攻一只蜗牛，在被萤火虫刺了四五次之后，我迅速地把这只蜗牛拿开。我用一根细针刺进这只蜗牛的皮肤，蜗牛竟然一点儿收缩的反应也没有，这说明这只可怜的蜗牛在受了萤火虫毒汁的迫害以后已经失去了知觉。它已经感受不到痛苦了，仿佛已经不再活在这个世界上。

还有一次，我正巧看到一只蜗牛遭受到萤火虫的攻击。当时这只蜗牛正在慢慢地向前爬行着，步伐虽然很慢，但是看得出它很快活，而且触角也伸得很长。就在这时，它忽然受到了萤火虫的攻击。萤火虫把毒液刺进蜗牛的体内之后，只见这只蜗牛乱动了几下便没有了精神，脚步停滞不前，触角也软软地耷拉下来。刚刚透过它的身体体现出来的那种温文尔雅也不见了。种种迹象表明，这只蜗牛已经死了，已经到了另一个世界里去了。

可是它真的死了吗？答案是否定的。我完全有办法让它起死回生，给它第二次生命。在这只可怜的蜗牛受到攻击之后的两三天内，我坚持给它清洁伤口。几天之后，奇迹出现了。这只被无情蹂躏、几乎一命呜呼的可怜虫又恢复了健康，可以自由地爬动。它的知觉已经完全恢复了，我这时再用细针去刺它，它很敏感地把躯体缩进壳内藏起来。它的触角也重新伸了出来，显得精神倍增。同前几天陷入深醉状态什么都不知道相比，现在的它可以说是重新开始了第二次生命。

随着人类科学的发展，人们已经掌握了在手术中不会让病人感到疼痛的方法，而且这种方法已经是非常成熟了。在人类之前，这种方法已经在动物界被用了好多个世纪。有所不同的是，外科医生在手术前使用的是麻醉剂；而那些昆虫们所使用的方法则是用天生的毒牙、毒刺把毒液注射到其他小动物身上，让对方失去知觉。

蜗牛是那样的温柔、平和，从来不伤害别人的动物，可是萤火虫却残忍地向它注射毒汁，并等它失去知觉后把它吃掉。当我们偶然想到这些，心里总有一种怪怪的感觉。萤火虫为什么选择用这样的方法猎取蜗牛呢？我想这不是没有道理的。

对于萤火虫来说，无论蜗牛是在地上爬行还是把自己缩进壳子里，总能很容易地攻击到它。原因是蜗牛背上的壳并没有

完全封盖起来，蜗牛身体的前部毫无遮拦，几乎是完全暴露在外面的。但是蜗牛并不傻，它不会这么容易就让对方攻击到自己。因此，它经常爬到那种比较高而且不稳定的地方。比如草秆的顶上，或者是光滑的石面上。这些地方对它来说是天然的保护所。为什么这么说呢？因为当蜗牛把自己的身体紧紧地贴在这些物体上面的时候，自己的壳就被封闭了，就像盖上了一个盖子一样，因此身体就可以安心地藏到壳里了。但是一定要紧紧地贴住这些物体，不能留下一点儿空隙。如若不然，稍不留神便会让萤火虫有机可乘。它的钩子可不讲情面，会抓住一切机会。萤火虫会想方设法地让钩子触及蜗牛的身体，然后释放毒液。等蜗牛失去知觉，萤火虫便开始享用美味大餐。

萤火虫在捕食蜗牛的时候，必须做到迅速、敏捷，不能让蜗牛有所察觉。因为在高处的蜗牛一旦感受到了进攻，就会收缩躯体，从草秆上或者墙壁上掉下去。一旦蜗牛掉到了地面上，萤火虫就白忙了。因为萤火虫没有兴致到地面上去搜索猎物，只得去寻找下一个目标。所以，萤火虫在捕食蜗牛的时候必须要敏捷，一定要轻微地接触蜗牛，不要惊动它，免得从高处落下。那样的话，就前功尽弃了。萤火虫的武器细小、敏捷，正适合对付蜗牛。萤火虫也因此成了蜗牛的天敌。

萤火虫不仅是就地解决战斗，还就地解决俘虏，也就是就地把它吃掉。比如，萤火虫会在草木的枝干上把蜗牛麻醉，然后在草木的枝干上把它全部吃掉。由此可见，萤火虫的捕食技艺是非常高超的。

那么，萤火虫是怎样吃掉蜗牛的呢？它是把蜗牛先分割成小碎块，然后再慢慢咀嚼吗？我猜想，它的进食方式和我们不一样，并不是咀嚼下咽的。因为我曾经解剖了几只萤火虫，并没有在它们的腹中发现颗粒状的食物。这说明萤火虫的进食方式不是传统意义上的吃，而是另一种方式。事实是这样的，萤火虫会先把蜗牛变成像是汁一样的液体，也就是肉粥，然后再饮用。这一点和蛆一样，蛆在吃东西之前也会先把食物弄成流质，然后再痛快地享用。

等萤火虫麻醉蜗牛，让它失去知觉之后，一些其他的萤火虫也不请自来。主人毫不在意朋友跟它一起分享这顿美餐。如果在两三天之后把这只蜗牛翻过来，让它的脸孔朝下，就会有一股像是浓汤一样的东西从壳内流出来。此时萤火虫的进食早已结束，一只蜗牛就这样被分食了。

我们可以知道，在经过萤火虫几次轻轻地刺插之后，蜗牛的肉就已经变成了一滩肉汤。然后，又有其他的萤火虫被吸引过来，同它一起分享这只蜗牛。每位客人都有把肉变成肉汤的本领，那就是分泌一种消化素到蜗牛体内。这样，在大家的齐心协力下，蜗牛很快便成了美味的肉羹，然后被分食掉。看来，萤火虫的嘴是适合流质的、液态的食物，这说明它们的嘴非常

柔软。

再来看看那些被我关在玻璃瓶中的蜗牛，它们有时候会停留在那种不是特别稳固的地方，不过它们都非常小心谨慎。我用一片玻璃盖住瓶口，有的时候蜗牛会爬到瓶子顶部的这张玻璃片上。它利用随身携带的黏性液体把自己黏在瓶子上，而想要稳固地黏在玻璃瓶盖上则需要分泌更多的液体。这个时候来不得半点儿偷工减料，否则会造成大麻烦，那就是在移动的时候会脱离顶口的玻璃片，掉到瓶子底部去。

我们前面说过萤火虫的腿非常短，腿短也就导致足部力量不足，因此它在攻击玻璃瓶口的蜗牛前会先观察地形，给自己选择一条方便下来的路。然后再仔细寻找一下蜗牛的破绽，做出迅速的一击，也就是轻轻的一咬，就是这轻轻的一咬让蜗牛失去了知觉。战斗在瞬间结束，绝不拖泥带水。接下来萤火虫

便麻利地开始制作肉粥的工作，准备好接下来几日的饕餮大餐。

一阵风卷残云之后，蜗牛便被萤火虫吃得只剩一个空壳了。不过，这个空壳并没有脱落下来，依旧黏在玻璃片上的，就连壳的位置也一点儿都没变，这都是蜗牛黏液起的作用。这个隐居者至死都没有来得及反抗，就这样在不知不觉中被人俘虏、宰割，最终变成了一顿大餐，进入了别人的肚子里。它甚至连死都没有挪一下窝，肉体就在受到攻击的地方化成了水，最后只剩下一个空空如也的壳儿。这一切都向我们表明，萤火虫的这种麻醉式的咬伤是非常迅速、有效的。单看它处理蜗牛的方法就知道了，那是何等巧妙。

萤火虫要想顺利攻击到蜗牛的话，就必须具备爬高的本领。因为它需要爬到悬在半空中的玻璃片上去，或者是爬到草秆上去才能接触到自己的目标。如果没有这种本领，在还未触及到猎物时自己就先从高空跌落下来了，白忙一场。但是萤火虫的六只脚看上去是那么笨拙，幸好它有一种辅助工具。

这是一种什么样的辅助工具呢？我们需要把萤火虫拿到放大镜下细细观察一番。大自然在创造万物的时候是公平的，它总是给你一件武器来弥补你的不足。在放大镜下我们可以清楚地看到，萤火虫身体末端靠近尾巴的地方有一块白点。这白点是由一些类似于细管或者指头形状的东西组成的。这些东西看上去非常精细，它们有时合拢成一团，有时又全部张开，张开

时候的形状就像蔷薇花一样。就是这种器官，帮助萤火虫在攀登光滑物体的表面时牢牢吸附在上面，同时还能帮它前行。这个器官是如何帮助萤火虫工作的呢？如果萤火虫想牢牢地吸附在玻璃片或者是草秆上，便张开这些细管，让它就像一只大手一样支撑在物体表面。这些手指能分泌出黏液，帮助萤火虫牢固地停留在那些它想停留的物体上。当萤火虫想在它所吸附的物体上爬行的时候，便让那些手指一张一缩，交错前行。这样，萤火虫就可以借助这股力量放心大胆地在危险的地方爬行了。

这些长在萤火虫身体末端的手指样的东西虽然不长，但是非常灵活，可以向任何一个方向随意转动。对于这种东西来说，比喻成手指不如比喻成细细的管子贴切。因为一说到手指我们就会误认为它能像手一样拿起东西，其实它并不能。除了能帮助萤火虫黏附在物体上和帮助萤火虫在危险的地方爬行以外，这些细细的管子还有第三种功能，那就是清洁用的刷子。每当萤火虫饱餐过后，在休息的时候，它便会给自己打扫卫生。它通常的做法是，用这种小刷子把自己从头到尾，从身体的这一端到另外一端，一点一点彻底清扫和洗刷一遍。整个过程非常仔细认真，不会遗漏掉任何一个部位。这种刷子十分柔软，所以萤火虫用起来非常得心应手，相当便利。动物中如此爱清洁，注意文明修身的小动物可真是不多见。每次用刷子清洁身体的时候，萤火虫都显得非常高兴、非常舒服。由此可见，它对于个人卫生和个人形象是非常在意的，也非常乐意去做这件事。起初我们都会有一个疑问，那就是这种小昆虫为何会如此热衷于清洁自己的身体，还如此专心致志？等到我们后来对它有所了解之后便知道了答案。它们猎取一只蜗牛并把它做成肉粥吃掉会花费好几天的时间，费很多精力，这个过程中身体自然也被弄得脏兮兮的。于是，

饱餐之后认认真真地清洗一番自己的身体，让自己焕然一新，以一个崭新的面貌开始接下来的生活是很有必要的。

假设萤火虫仅仅是会麻醉对手，除此之外再也没有别的特长的话，它不会有今天这样高的知名度。因此它一定还有更奇特的本领，而且是一种别的动物都不具备的本领，类似一些特异功能什么的。那么它们到底还有什么样的奇特本领呢？

大家都知道，萤火虫身上还带着一盏灯。到了黑夜，它会点燃这盏灯，照亮自己前行的道路。这盏灯就是它最奇特的本领，也是它成名的原因。

雌性萤火虫的发光器官生长在身体最后面三节的地方。这三节中前两节能发出宽宽的带状的光，这些光是从身体下面发出来的。相对于前两节来说，第三节的发光部位要小得多，只有小小的两个光点，这两个光点发出的光能够透射到背面。因而，无论是从上面看还是从下面看，都能看到萤火虫发出的光。这些光颜色微微带蓝、很明亮。

与雌性萤火虫相比，雄性萤火虫的灯就暗淡多了。雄性萤火虫只是在身体最末端的一节处有两个小的发光点。而这两个小点，在萤火虫家族中是人人具备的。当萤火虫还处于幼虫阶段的时候，这两个发光的小点就已经开始伴随它了。在萤火虫的一生中，这两个发光的小点随着身体的成长而不断地变大。无论是从萤火虫身体的上面，还是下面，都能看到这两个小点发出的光。雌性萤火虫特有的那两条宽宽的带状的光则不同，只有在身体下面才能看得见。这也是辨别雌雄的主要方法之一。

我把这两条发光的带子放到显微镜下仔细观察，在上面发现了一种白颜色的涂料。这些涂料是一些很细很细的粒形物质，萤火虫的光也和它们有关。在这些物质的附近，我还发现了一种奇特的器官。这种器官外形就像短的枝干，枝干上面还生长着许多细枝。这种器官在发光物质的上面和里面都有分布。

有一点我很清楚，那就是萤火虫的光亮是产生于它的呼吸器官的。世界上有一些物质，被人们称为“可燃物”，当这种物质接触到空气之后就会立即发出亮光，有的甚至还会发生燃烧产生火焰。这种与空气混合放出光亮和产生火焰的现象被称为“氧化作用”。萤火虫能够发光就是一种氧化作用，萤火虫的那盏灯也是氧化作用的结果。上面提到的白色涂料状的东西，便是氧化作用后剩余的物质。氧化作用的前提是要有空气，提供这些空气的则是萤火虫身上一根细细的小管，这根管连接着它的呼吸器官。关于那种发光的物质，我们知之甚少，至今还没有人能搞清楚它的性质。

萤火虫完全有能力调节它身上的亮光，这一点我还是比较清楚的。也就是说，它可以随时把自己身上的这盏灯调得更亮一些或者更暗一些，有时还干脆熄灭。

很多人会好奇，这种聪明的小动物是怎样做到调节自身光

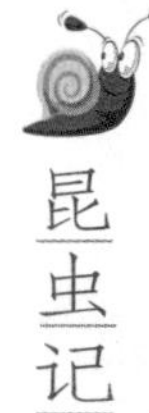

亮的呢？经过我的观察了解，如果萤火虫想把灯光调亮，只需要增加身上的细管里面流入的空气量；要是哪天萤火虫兴致不高，便会停止气管里面的空气输送，这样灯光就变得微弱，甚至熄灭。

萤火虫的气管很容易受到外界刺激的影响。哪怕是只受到一点点的刺激，它身体末端那两个发光的小点也会立刻熄灭，非常敏感。这种情况我经常遇到，每次当我想要捕捉它们的时候，这些顽皮、可爱的小动物便会和我玩捉迷藏的游戏。刚刚还在草丛中飞旋着发光，但是只要听到我的脚步发出的声响，或者不经意地碰到一些枝条发出的声响，哪怕这些声响再微弱，它们都会立刻熄掉那两个小点发出的光亮，变得无影无踪，让我无处寻找。我只好再去寻找新的目标。

相对于身体末端那两个发光的小点来说，前两节上面的光带的敏感度就差多了。哪怕是故意去惊吓和扰动它，都不会对它产生多么大的影响。举例来说，我们先把一只萤火虫放进一个笼子里，这个笼子里的空气与外界完全流通，我们在这个笼子边上放上一枪，结果里面的萤火虫丝毫不受影响，光亮也依然如故。如此爆烈的声音，它竟然置之不理，似乎没有听到一样。我又换了一种方法来试探它，我把它所在的树枝用手拿了起来，而且还往它身上洒冷水，结果这两种方法无一奏效。它们顶多是把灯光稍微调暗了一些，但是没有一盏熄灭过。随后我点着了一个烟斗，并把一阵烟吹进笼子里去。没想到这一招挺管用，当烟被吹进笼子里之后，里面的灯光有的变得暗淡，有的甚至熄灭掉了。不过，即刻之间便又重新点着了。等烟雾散去之后，这些灯又恢复到像刚才那样明亮。如果你把萤火虫拿在手中，轻轻地捏它一下，只要你捏的不是太重，它的光亮也基本不会减少。至少到目前为止，我还没有想出能让它们将光亮全部熄灭的办法。

我们知道，萤火虫能够控制并且调节它自己的发光器官，随意地使它更明亮、更微弱或熄灭。这一点无论从哪个方面来看，都是毫无疑问的。但是，有时它也会失去这种自我调节的能力，这需要在一个特定的环境下。如果我们把一片皮从它发光的地方割下，放进玻璃瓶或管子里面观察。我们可以清楚地发现，这块皮依然能发出光亮。尽管没有在萤火虫身上时那么明亮，但还是非常从容。这是因为发光的物质之所以发光，原因并不是有生命在支持，而是与空气直接接触。直接与空气接触之后，没有气管中流通的氧气也无关紧要，它照样会发光。即使是把它放入水中，只要这些水中含有空气，这层外皮也照样会发出光亮，丝毫不差于在空气中发光的亮度。如果是把外皮放入那种已经煮沸过的水中，外皮发出的光亮就会渐渐熄灭，因为这种水中的空气已经被煮没了。这些实验都有效地证明了萤火虫的光亮就是氧化作用的结果，再也没有比这更有说服力

的了。

蛍火虫发出的光很柔和，那种白而平静的光一点儿都不刺眼。让人不禁联想到，它们简直就是从月亮上撒下的一朵朵小白花，是那样的纯洁可爱，让人感到温馨。这种光亮可以说是灿烂的，也可以说是微弱的。如果你在黑暗中捉住了一只萤火虫，并试着把它的光亮向一行油印的字照去，你会发现辨别上面的字母很容易，甚至一些不是很长的词也能辨认。这时你就会觉得它很灿烂。不过，这份光亮所涉及的范围非常狭小，这个范围以外的东西你就看不清楚了。看不了一会儿书你就会抱怨，它是这样吝啬它的光。

这些能发出光亮的小动物是那样的可爱，尤其是尾部的那盏灯。

如果你认为它们的心理也是光明的话，那你就大错特错了。事实上这群家伙心理非常黑暗，它们对于自己的家族完全不存在感情。它们丝毫不会在乎家庭，家庭对于它们来说可有可无。它们无论何时，无论何地都会产卵，随意散播自己的后代。真可谓走遍天涯，四海为家，洒脱极了。而且，它们在产卵以后从不去照顾自己的孩子，任其自生自灭。

萤火虫的一生都伴随着光亮，从生到死。就连它的卵也会发光，还有它的幼虫。当寒冷的气候马上就要到来的时候，幼虫会钻到地下去。但是它钻得并不很深，如果我们把它轻轻地从地面下掘出来，会发现它的那盏小灯依然是亮着的。哪怕是在地下，萤火虫也不让自己的灯熄灭。

第十六章 菜青虫

卷心菜的历史非常悠久，在遥远的古代我们的祖先就把它们当做食物。在吃它们之前，它们就已经在这个地球上存在了。这样，我们就知道它们比人类的历史还要久远，但具体是什么时候出现的谁也不知道。植物学家认为，卷心菜最初是生长在滨海悬崖上的一种野生植物。当时它们的茎很长，叶也很小。历史上，没人愿意浪费笔墨去描述这些生活中琐碎的东西，人们更愿意去记叙残酷的战争和国王的嗜好。真希望历史学家改变这种片面的作风，粮食是如何起源的同样很重要。

我们对于卷心菜的认识少得可怜，这是不应该的，因为它们在我们的生活中是那么重要。它们不仅深深地影响了人们的生活，还与一些昆虫有着密切的关系。有一种白蝴蝶的毛虫便是主要靠卷心菜生存的。它们的主要食物就是卷心菜，还有一些和卷心菜相似的其他蔬菜，比如花椰菜、大头菜、白菜芽、瑞典萝卜，等等。这种毛虫跟卷心菜仿佛有前世的缘分一般。

一些跟卷心菜同类的植物，它们也非常喜欢吃。植物学家称这类植物为十字花科，这是因为它们的四瓣花排成一个十字。白蝴蝶一般只选择这类植物产卵。它们当然不懂得什么是十字花科，那它们是怎么辨别这类植物的呢？没有人知道答案。如果现在有人找我判断一种植物是不是十字花科，除了我认识的，我都得需要查书才能给出准确答复，尽管我已经研究植物将近五十年。但是白蝴蝶却不用，我只需根据白蝴蝶的卵，便可以判断某种植物是不是属于十字花科，并且从来没有出现过错误。

每年的四五月间和十月间，白蝴蝶都会成熟一次。这时正值卷心菜收获的季节。白蝴蝶每次来得都是这么巧，总是在我们有卷心菜吃的时候光临。

白蝴蝶有时候将卵产在菜叶的正面，有时候是背面，这些卵呈淡黄色，堆积在一块。它们在大约一周后就变成了毛虫。这些毛虫来到世间的第一件事便是把自己的卵壳吃掉，没人知道这是为什么。我推测，这是因为卵壳被吃下去之后能化成丝。然后毛虫再将这些丝吐出来，缠在脚上，这样就不用担心卷心菜表面那层光滑的蜡了。此外，这些卵壳的构成和丝差不多，很容易消化，哪怕是刚出生的毛虫。

不久之后，小虫就要开始进食，它们的主要食物便是卷心菜。它们的胃口大得惊人，我把一大把卷心菜叶子扔到了我喂养的一群幼虫中，两个小时之后再去看的时候，发现叶子只剩

下了粗大的叶脉。如果按照这个速度算，一片卷心菜田会在很短的时间内被吃光。

这些贪吃的小家伙在进食的时候非常专心，它们除了会偶尔伸伸胳膊、挪挪腿以外，什么都不干。几只幼虫并排进食的时候，你会发现它们的头抬起和低下的频率都是一样的，非常整齐。它们通过这种动作想表达什么？是说它们很有战斗力，还是说它们吃得很快乐？没人知道它们在想什么。

整整一个月后，它们总算是吃饱了，便向四处散去。它们在爬行的过程中把上半身仰起，在空中摇摆着，不知道它们是在探索还是在运动，也可能是帮助消化这一个月内吃掉的东西吧！我把毛虫从实验室转移到了花房中，因为现在天气开始转冷了。但是，有一天我却找不到它们了。

最后，我在距离花房三十码以外的墙角发现了它们。它们大概是想把那里的屋檐当做过冬的居所。这些毛虫看上去并不怕冷，可能与它们长得非常壮实有关。在这些居所中，毛虫给自己织茧，并变成蛹。等到来年春天，蛹就会变成蛾子。

卷心菜毛虫虽然有它可爱的一面，但是如果任凭其发展下去，人们就吃不到卷心菜了，全让它们吃光了。不用担心，有一种昆虫专门猎杀卷心菜毛虫。敌人的敌人就是我们的朋友，如果我们把卷心菜毛虫看做敌人的话，这种昆虫就是我们的朋友。它们的体格非常小，工作起来也是从不张扬，非常低调。不用说我们了，就是很多园丁也不认识它们，甚至闻所未闻。人们忽略了它们对人类做出的贡献，实在是不应该。

对这些小个子英雄，我决定奖赏它们一下。它们长得实在是太小了，“小个子”便是它们的外号。

这些无名英雄是怎样制伏卷心菜毛虫的呢？让我们实地考察一下。在春天的菜园里，一堆堆的黄色小茧随处可见，有时候是在墙上，有时候是在枯草中。在每一堆茧的旁边，总有一只死去的卷心菜毛虫。有时候是全尸，有时候被吃得只剩下半条。我们可以看出“小个子”的厉害了。那些尸体便是它们的所作所为。

“小个子”要比卷心菜幼虫小得多。当卷心菜毛虫在菜叶上产下卵之后，便离开了。这给了“小个子”们可乘之机。它们迅速跑到这些卵旁边，借用自己坚硬的刚毛，将卵产在卷心

菜毛虫的卵膜表面上。每一只毛虫卵中，都能藏得下五六只“小个子”的卵。这些卵非常小，大约只有毛虫卵的 1/60。

尽管有敌人的卵附在身上，但是这并不影响这只毛虫继续长大。无论是游玩、觅食，还是去寻找合适的织茧场所，它并没有体现出哪里不同。不过有一点，那就是它时常会表现得无精打采，非常萎靡，身体也渐渐消瘦下去。很明显，这是因为有一群寄生虫在吸它的血。毛虫们对这些寄生虫没有任何办法，只能寄希望于它们快点出来。这些寄生虫从毛虫身体里出来后的第一件事情便是织茧，然

后变蛹，最后破茧而出化作一只美丽的飞蛾。

我们知道卷心菜毛虫是一种农业害虫，危害非常大。于是，如何对付它们便成了一个问题。

卷心菜的菜叶对于幼虫来说非常辽阔，再加上那油油的绿色，简直就是一片牧场。这种昆虫喜欢暴饮暴食，用不了多久，卷心菜就被它们糟蹋得面目全非。

它们的胃口是如此之大，就像是永远填不满的无底洞，吞咽下去的卷心菜立刻被消化成了其他物质。它们两个小时内就能将一片卷心菜菜叶吞噬得只剩菜梗，若不及时投放新的菜叶，那根菜梗也会被它们啃掉。照这样下去，谁知道要多少菜叶才能满足它们。

若是放纵它们，那将会是一场灾难，谁知道它们会将菜园糟蹋成什么样子。古罗马时期人们就开始预防卷心菜毛虫，他们的做法是在菜地中央立一根木杆，并在木杆顶端挂上一个马头骨，据说这样可以将卷心菜毛虫吸引过去，然后人们再将它杀死。

这种做法真的有效吗？我不这样认为，用来吓吓麻雀还可以，卷心菜毛虫可不吃这一套。可是这种荒诞的驱虫方法却流传了下来，只不过在形式上有了很大改变。以前是在菜地中立一根木桩，现在则是立一根小木棍；以前是在顶端挂一个马头骨，而现在更加简约，只需要在小木棍顶端放置一个蛋壳即可。结果怎么样呢？很明显，无济于事。

我觉得这些做法毫无理智可言，同时我也惊诧于这样一个恶作剧似的谎言竟然流传了上千年之久。

我试着去探寻这群菜农，听听他们的说法。他们居然能说出这些蛋壳可以用来驱虫的原因所在：看到白花花的蛋壳，白蝴蝶就忍不住到上面产卵；这些产下的卵即使孵化出来，不是被太阳晒死也会被饿死，最后终归是去死。

我想把问题彻底弄明白，便刨根问底地问他们，有没有人看到白蝴蝶在蛋壳上产卵，那些卵是什么样的。

我得到最多的答案是“没有见过”或者是“不清楚”。那么，既然没见过为什么都这么说呢？为什么都这么做呢？他们说自己的做法是祖辈流传下来的，既然大家都这么做，他也只好这么做。

原来“荒诞”也是可以流传千古的，不过得需要你给它编一套说法。就像马头骨的传说一样，到了后期已经成为了一种传统。现在不用再去为它解释什么，人们便会主动地继承，以后还会继续流传下去。

在我看来，要想消灭卷心菜毛虫，保护菜田，只有一种方法：那就是不断地观察、监视菜田，一旦发现白蝴蝶产卵，就立刻将这些卵破坏掉。无论是用手掐死，还是用脚踩死，怎样都行。这种方法虽然会花掉大量的时间和精力，不过却是最有效的。一棵卷心菜不知道倾注了多少菜农的心血，我们怎么能允许它被这些贪婪无度的害虫吃掉呢？消灭它们，是我们的责任。

第十七章 金步甲

金步甲被公认为是毛虫的天敌，它是一个勇敢的守护者，尽职尽责地守卫着菜园、花园、苗圃等。金步甲得到的赞誉已经够多的了，我再说也只是锦上添花而已，没多大意义。今天我们将从另一个角度来观察它，了解一下它身上的那些我们还不知道的秘密。

金步甲平时作风剽悍，只要是被它擒住的敌人，都会被它吞噬掉。它们无所不吃，就连同类它们也吃，自己最后也是被同类吃掉。

为了观察，我在笼子中养了二十五只金步甲。这天早上，我又在梧桐树下发现了一只，只见它走得匆匆忙忙，像是急着去参加一个会议。我想给笼子中的那群家伙增加一个伙伴，便将它捡了起来，这才发现，原来它受了伤，鞘翅末端有磨损。这是谁干的呢？是敌人还是同类？不得而知。幸好只是小伤，对身体并无大碍。检查一番之后，我便把它送到了笼子中，笼

子外面还罩有一层玻璃罩。

第二天的时候，我去看望这位新客人。没想到的是，它已经死了。是同伴们在夜里袭击了它。现场非常惨，它的肚子被掏空了，可能是因为被磨损的鞘翅没有将腹部完全覆盖住。除了腹腔被掏空以外，其余部位一概完好无损；它们的技术非常高超，全部内脏都是从腹部上的一个开口中被摘除的，腹腔内被清理得一干二净，被连被掏空的牡蛎壳都不如它干净。

这是怎么回事呢？我从来不曾缺了它们的食物，无论是蜗牛、鳃角金龟、螳螂，还是蝗蚓和毛虫，我换着花样地给它们调节饮食，并且是不限量的供应。因此，它们攻击同类的原因不可能是因为饥饿。

我觉得这只金步甲之所以被吃掉，是因为它的鞘翅受损，

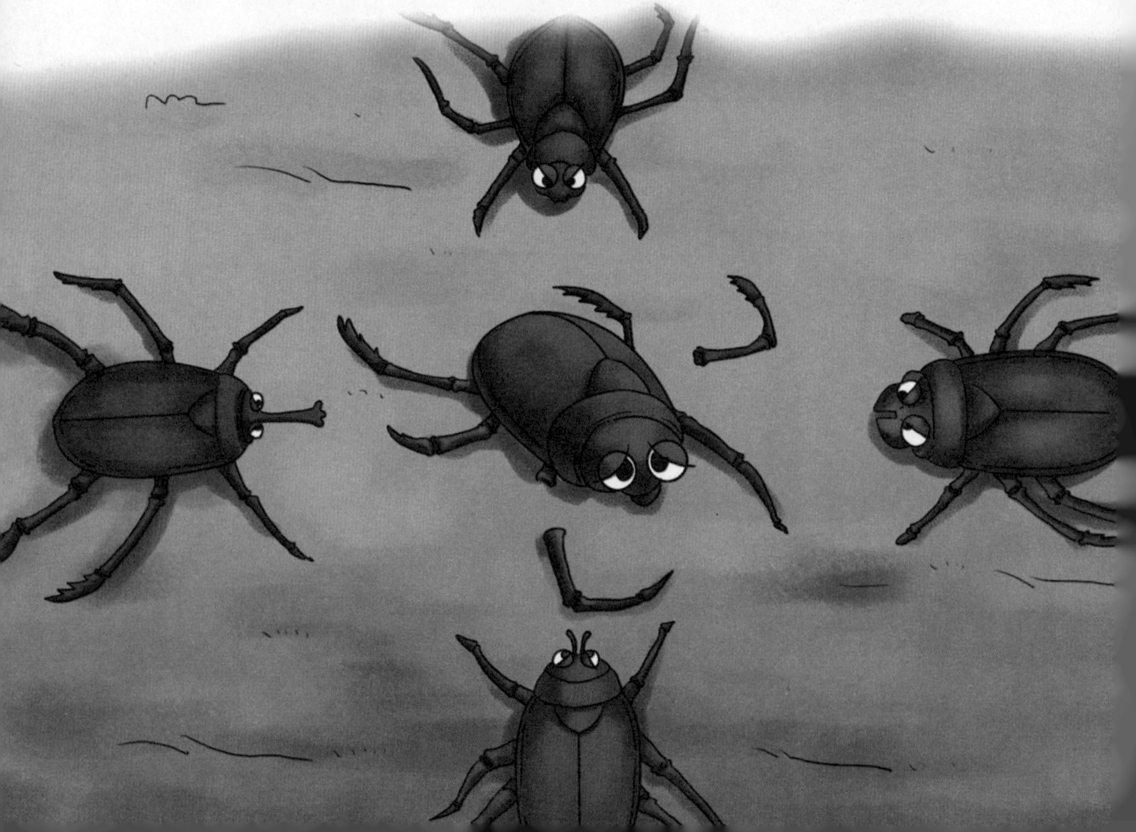

不能很好地起到保护作用，所以招致了同类的攻击。难道这是它们的一种传统吗？它们对弱者从来不讲仁慈吗？看着有同伴受伤，它们所做的并不是伸出援手，而是落井下石。这种事情在昆虫界也不算是什么奇闻，有时候你会见到一群昆虫朝着一位身体残疾的同类走去，它们是要去帮助它吗？根本不是，它们只是知道自己的晚餐有了着落而已。

我把这只金步甲的死因归结于它的鞘翅受损，没有保护住腹部，那么，如果这只金步甲没有受伤的话，那又会如何呢？它们会不会和平相处呢？以我对它们的了解来看，这完全是有可能的。它们平时十分和睦，进餐的时候从不打斗，顶多是有个别的抢着多吃一点儿而已。饭后它们躲在长条板下进行长时间的午休，互不打扰。它们在土中挖一个小窝，小得只能容纳半截身体。由于笼子中用地紧张，所以这些土窝离得很近。这二十五只金步甲，都拥有各自的土窝，它们喜欢把一半身子埋在土中，有的在打盹儿，有的在消食。它们的反应很快，当我把笼子周边的遮板猛然拿去的时候，它们拔腿就跑，谁也不顾谁。

可以看得出，它们的和平共处并不是一时的，而是持久的。可就在六月初的时候，我又发现一只金步甲死了。它的死同前面那只一样，外表完好无损，只有腹腔被掏空。我推测它的死因同前面那位死者一样。我将死者的遗骸反复观察，发现除了腹部的开口以外，身上其他地方并没有损伤或者残疾。

仅仅在几天之后，又有一只金步甲被杀，死去的情形同前面那两只一模一样，都是看上去干净整洁，毫发无损。若是将它摆正，放在那里，谁也看不出它已经死了，已经成为了一个腹中空空的空壳。此后，一只只金步甲都这样死去，我只能眼睁睁地看着。如果这种情况继续下去的话，我这个金步甲乐园恐怕要关门了。

为什么会发生这种大屠杀呢？是金步甲在陆续老去变成弱者所以才被吃掉的吗？还是它们有意选择要减少人口呢？我决定要调查清楚。因为这种事情一般都是在夜里发生，所以，我日夜不离地监视着它们。终于，在一次它们解剖同伴的时候被我碰了个正着。

那是在六月的一天，行刑者是一只雌虫，被解剖的是一只雄虫。金步甲的雌雄还是很好辨认的，雌虫体型要略大一点儿。残酷的手术开始了，雌虫从雄虫背后下口，它撩起雄虫的鞘翅，咬住它肚子的末端，轻轻地拉扯着，嘴里还一刻不住地咀嚼着。最让人不解的是，尽管雄虫的体能充足，但是它既不防卫，也不反抗，任凭雌虫撕扯着自己的身体。它仅有的一点儿反抗也非常柔弱，只是向前挣脱自己的身子。有时候它把雌虫拖着向前移动一点儿，有时候又被雌虫把自己拖着向后移动，与其说是在挣脱、反抗，倒不如说更像是在帮助对方将自己的身体扯开。这场战斗持续了大约有一分钟，中途还有几只路过的金步

甲停下来围观了一会儿。不知道是雌虫松了口，还是雄虫使足了劲，最后终于被它逃脱。如果没逃脱的话会是什么结局呢？毫无疑问，雄虫的肚子肯定会被雌虫掏空。

这种战斗，几天之后我又见到了一次。只不过，这次善始善终，没有演员中途逃脱。这次的主角还是一雄一雌，也还是雌虫攻击雄虫。这次雄虫非常老实，雌虫也非常卖力。雌虫先是咬破了雄虫的表皮，接着打开了一道口子，并将里面的内脏一一摘除，填充进了自己的口中。它将头伸进了同伴的腹腔，非常细心地清理着，保证一点儿残渣也不留。再来看雄虫，浑身上下只有爪子还在动，伴随着一阵抽搐，它走完了自己的生命历程。此时雌虫的头还在对方的腹腔中，它正在向上端拓展，把能够到的胸腔中的器官也都吃掉。最后，这具遗体被就地抛弃，只剩下一副空壳和一对翅膀。

死亡事件还在陆续发生，那些被我发现的遗骸全部都是雄性金步甲，它们的丧命过程应该就是上面描述的那样。可以推断，现在还活着的雄性金步甲，也摆脱不了这种悲惨的命运。能提前预知自己的命运，不知道是一件好事，还是一件坏事。截止到八月一日，在一个半月的时间内，笼子里的金步甲由最初的二十五只，锐减到五只，并且都是雌性的。其余的二十只，命运都是相同的，被掏空了身子，静静地死去，凶手就是剩下的这五只雌性金步甲。

我有幸前后两次目睹了金步甲之间的互相残杀，最终弄清楚了事情的真相。其中第一次行动未遂，第二次才真真切切地杀死并吃掉了对方。尽管我目击到的战斗只有这些，但是它们都非常有价值，这些资料极为宝贵。在不久前，我听说也有人目击到了这样的战斗，进攻一方拼命撕扯，另一方并不还击，只是往前挣脱。这些都和我见到的一模一样。

这种打斗显然是不合乎常理的，正常的打斗应该是你来我往，互相攻击。被欺负的雄性金步甲完全可以做到这一点，它只需掉过头来，便完全可以阻止进攻者的侵犯。虽然它的个头没有对方大，但是对打起来也不会吃什么大亏，说不定还能获胜；但是，现实中的它是如此的愚蠢，竟然任凭对方咬破自己的肚子。它们为什么会如此宽容呢？最后宽容又变成了放纵。

这让我想起了朗格多克蝎，这种蝎子中的雄性会在婚后放纵自己的妻子将自己吃掉，尽管它有能让对方顷刻间毙命的螯针，但它从来不用。还有螳螂夫妇，雄性螳螂顾家的精神令人佩服，哪怕身子只剩下一段，它也要将最后的精力用在家庭上。即使是在它被雌性螳螂一口口吞噬的时候，也不会抱怨一句。看来，昆虫中的雄性在新婚之后，不仅仅成为了一位丈夫，还要随时向妻子奉献出自己的生命。这是大自然定下的法则，谁也无法更改。

我的金步甲乐园中的雄性成员纷纷倒毙，无一幸免。它们的遭遇仿佛是演戏一般，向我证明这是它们的习俗。杀死它们的并不是别人，而是它们自己的伴侣，它们刚刚交尾结束，雌性便迫不及待地将刚刚成为自己丈夫的雄性杀死。金步甲配对的时间会从四月持续到八月，这期间它们都心急如焚地寻找着配偶，每天都会有金步甲配对成功，结为夫妻。

对它们来说，爱情并不需要太多的准备工作。有时候，在大庭广众之下，雄虫便会朝第一次见面的雌虫扑去。被扑倒在地的雌虫并没有反抗，而是抬起头看了雄虫一眼，这就说明它对这位丈夫很满意；接下来双方便耳鬓厮磨地发生关系。之后，双方迅速分开，像是互不相识一样，分别去进食。进食结束后，它们会寻找新的对象，再次成婚，用的方法同刚才的一样。就这样，雄性金步甲不断地寻找着新欢，中间的间隔时间它会进

食。对它来说，生命确实很美好。

笼子中金步甲的性别，从一开始就不成比例，雄性金步甲有二十只，而雌性只有五只，幸好它们不懂得争风吃醋。雄性们与路过的雌性发生关系，然后再等下一个，这种行为不受时间早晚的限制，有的雌雄之间可能要结好几次婚，发生好几次关系，这一切直到雄性的欲火平静下来为止。

按照我原先的计划，我想让金步甲乐园中的雄性成员和雌性成员的数量大致相当。但是，当初在捉的时候，就是捉到了二十只雄性、五只雌性，也算是一个偶然事件。这些金步甲是我在初春的时候捉来的，它们原本住在我家附近的石头底下，只要是被我碰上的，我便将它们捉来，也没去考虑是雌性还是雄性。如果没有对比的话，单纯从外表上看是很难辨别雌雄的。至于从个头上去识别，是我在后来才发现的一个方法。所以说，我饲养的金步甲性别比例失调，完全是由偶然因素造成的。自然环境中雌性和雄性的数量当然不会有这么大的差距；还有，野外的它们不会像在笼子中这样聚集在一起。现实中的它们过着孤独的生活，一个巢穴中基本上只能发现一只金步甲，两只或者三只的情况非常少见。像这种聚众的情形，恐怕只有在我的笼子中才可能出现；笼子中的场地还算开阔，金步甲可以在里面随意漫步，也能满足它们嬉戏打闹，幸亏它们不喜欢惹是生非，要不然这么多金步甲聚集在一起肯定会出现骚乱。在这里它们可以选择自己独自生活，如果喜欢热闹的话，也可以选择跟其他金步甲一块儿生活。只要它们愿意，总能够找到伙伴。

在将它们整体搬迁到笼子内生活之后，它们的情绪很稳定，并没有表现出不适应，这一点，从它们的食量上就可以看得出。它们在大自然中的精力可能还不如在笼子里，在野外它们不会得到如此丰盛的食物，并且还是不费吹灰之力就得到的。不过我也没有过度放纵它们，以免它们丧失掉一些习性。

我还给它们提供了一个便利，那就是在这里异性之间的接触机会比在野外多多了。这等于给它们创造了婚配的机会，也给它们创造了吃掉同类的机会；它们会在一转眼之后便忘记对方是自己的丈夫，狠狠地咬住它的腹部，掏空它的身体。可能是因为这种异性接触太容易了，所以导致吃掉同类的事情不断发生；笼子里的雌性不会因为雄性太多而口下留情，因为吃掉

对方是它们的一种习惯、一种习俗，并不是临时培养出来的一种爱好。

如果是在野外，雌性同雄性结束关系之后，雌性也会将对方吃掉吗？这种场面我一直渴望能在野外碰到一次，但是未能如愿。我也就只好根据笼子里面发生的事情来推断了，我相信在野外的情形也是同样如此，我对自己的推断深信不疑。金步甲的世界到底遵循的是什么法则呀！雌性受孕之后，不对雄性有任何需求，就将其残忍地杀死。雄性金步甲的地位，真是低得不能再低了。

爱情一旦消退，双方便成为了敌人；这种现象在昆虫界并不是只发生在金步甲身上，目前为止，仅仅是我知道的就有三种，除了金步甲之外，还有螳螂和朗格多克蝎。在飞蝗类昆虫中，这种吞食对方的行为要相对温和一些，因为它们在咀嚼情侣身

体的时候，对方早已死去，不会再感觉到疼痛。不像金步甲这样，活生生地将对方吃掉。无论是白面螽斯还是绿螽斯，都喜欢抱着已故情侣的大腿啃来啃去。

这可能与食性也有关系，无论是白面螽斯还是绿螽斯，它们都是食肉的。它们会不会去吃一只死去的同类，要取决于对方是不是它的情侣，这一点很奇怪。可能情侣的肉会更好吃一些吧，这个问题不得而知。

那些不吃肉食的昆虫又会如何呢？在产卵期快要到来的时候，平时只吃素食的雌性无翅螽斯会向自己的丈夫发起进攻，用锋利的牙齿在对方的肚皮上咬出一个窟窿，然后将它吃掉；雌性蟋蟀一向性情温厚，这时它们也会变得残忍，将曾向自己大献殷勤的伴侣一脚踢翻在地，扑上去折断它的翅膀，撕碎它的身体。由此可见，交尾过后，雌性同雄性之间的感情一落千丈并不是个例，尤其是在食肉的昆虫中。它们为什么会有如此残酷的陋习呢？要想把这个问题搞清楚，那得需要相当完备的实验条件，如果有机会，我一定不会错过。

第十八章 回忆童年

每个人都有自己的性格和爱好。那么，它们是如何形成的呢？有时候，这些性格、爱好看起来像是从祖先那里遗传下来的，然而如果你想再深一步探究它们来源于何处，就会变得非常困难。

比如说，有个牧童没事的时候把数石子当做一种消遣，多年后他可能会成为数学家或者教授。还有一个孩子，当他的同龄人都在玩闹的时候，他却整日沉浸在一种幻想的乐器声中，久而久之，居然能听到一首合奏的曲子。可见，这个孩子是十分有音乐天赋的，可能是一位音乐天才。第三个孩子年龄很小，以至于吃饭的时候，还会把果酱涂到脸上。小小年龄的他却喜欢雕塑黏土，他会把这些黏土制作成各种各样的模型，这些形式各异的模型非常精致。有可能的话，这个孩子将来会成为一名雕刻大师。

我讲这些的目的只是想让大家给我一个机会，允许我介绍一下我自己和我从事的研究。

在我很小很小的时候，我就喜欢观察植物和昆虫，我觉得自己有一种天生的与自然界事物亲近的感觉。如果你认为这些都是遗传自我的祖先，那就大错特错了。因为他们都是只关心自己的牛和羊的乡下人，他们都没有接受过教育，除了自己的牲畜以外更是一无所知。祖父辈中倒是出过一个读书的，可惜连字母的拼法都让人不敢恭维。我也没接受过什么专业的训练，没有指导、没有老师，就连能看的书都少得可怜。可是，尽管如此，我还是执著地进行着我的研究，我的目标就是有朝一日能够在昆虫研究的历史上，留下自己的一页。

当我还是一个不懂事的孩子的时候，那时很小，还记得当时刚刚开始学习字母拼写，我就开始尝试探索大自然。对于自己当时的勇气和决心，我至今还感到十分骄傲。

第一次去寻找鸟巢和采集野菌是一次非常难忘的经历。当时的情景至今我还很清楚地记得，当时那种高兴的心情自然也无法忘记。

我家附近有一座山，山顶上有一片树林，这片树林一直吸引着我，我总希望有机会到那里去看个究竟。有一天，我决定去攀登这座山。在此之前，我经常透过家里的小窗户去看这片树林，平时这些树木会直立着刺向天空，风起时便会左右摇摆，如果是下雪天，便会被积雪压弯了腰。

我的腿很短，加上山上的草坡像屋顶一样陡，这让我的速度十分缓慢。忽然，我发现脚下有一只小鸟，十分可爱。这只鸟平时可能藏在大石头后面，我边这样猜想着，边去大石头后面寻找鸟巢。果然，不一会儿我就在一块大石头后面发现了一个鸟巢。更让我惊喜的是，在羽毛和干草做成的鸟巢里面竟

然还有六个蛋。这六个蛋并排在鸟巢中，每一个都十分光亮，纯蓝色的外壳是那样的美丽。在以后的岁月里，小鸟还多次给我带来快乐。这一次找到鸟巢、发现鸟蛋就是其中的第一次。我伏在地上认真地观察着它们，简直高兴极了。

这时候，母鸟在旁边石头上飞来飞去，一边扑棱着翅膀，一边发出“塔克！塔克!”的叫声，显得十分焦急、不安。以我当时的年龄还不能明白它为什么这么痛苦。怎样处理这些鸟蛋呢？我决定先拿回去一个当纪念品，至于剩下的那些，等过两周它们孵出了小鸟，趁着小鸟还不会飞的时候再来将它们取走。我两手小心翼翼地托着这个鸟蛋往家走，在路上碰到了一位牧师。

“呵！这是萨克锡柯拉的蛋！你是从哪里捡到的?”他问我。

我把这个鸟蛋的来历告诉了他，还对他说：“其余的那些鸟蛋我也会拿走，不过得等到那些蛋孵化出小鸟的时候。”

“孩子，不许那样做！那样太残忍了。”牧师大叫道，“你抢走了它的孩子，母鸟会多么伤心。你向我保证，以后不再去碰那个鸟巢了，你要做一个好孩子。”

牧师的话让我明白，偷鸟蛋是残忍的事情。还有，就是动物同人一样，也有自己的名字。“那么，这些在森林里、草原上的动物朋友都叫什么名字呢？萨克锡柯拉又是什么意思呢？”我在心里问自己。直到几年后，我才知道萨克锡柯拉是“岩石

中的居住者”的意思。那种下蓝色蛋的鸟被称做石鸟。

在我们村子西面的斜坡上，有一片小果园，里面种的大多是苹果和李子，眼下快要收获了。一座座的果园之间都是用矮墙隔着，墙上长满了地衣和苔藓。一条小溪流过坡下，小溪非常窄，当时的我从任何一个地方都能跨过去，即使是稍微宽点儿的地方，也可以踩着露在外面的大石头过去。母亲们都会担心自己的孩子去河里玩，因为那里太危险。但是这里不会，最深的地方也不过到膝盖而已。尽管我日后见过不少大江大河，还有无边的大海，但是我的记忆深处只有这条小溪不能忘怀，它是那样的清澈、那样的安详。

有一位磨坊主觉得这条小溪白白流掉了非常可惜，于是打起了它的主意。他挖了一条渠道，借着地势，将小溪中的一部分水引向事先挖好的水池。水池中的水积攒多了以后，便可以推动磨轮，帮助磨坊工作。由于水池是修在坡上的，所以一边高，一边低，四周都修有拦水墙。

我一直想看看这个水池的内部，无奈拦水墙太高，根本看不到。有一天，我和一个小伙伴合作，骑在他的肩上，踉踉跄跄地看到了墙里。里面是一潭死水，漂浮着各种杂物，还有一种表皮黑黄相间的怪物，当时我还以为它是龙和蛇的孩子呢，后来我才知道它的名字叫蝾螈。这种动物当时让我想起了大人口中吓唬小孩的妖怪，于是赶紧从墙上下来，不再对那个水池抱有好奇心。匆匆忙忙中还蹭了一脸的苔藓。

从蓄水池中流出的水又汇成一条小溪，朝坡下流去。这条小溪在途中还会分出三四条支流，在分岔口的地方，总是长着一些桤木和栲木。这些树的树干都有所倾斜，枝叶交织在一起，搭起了一个个天然的凉篷。这些树的树根大都暴露在外，七扭八歪的，像是围起了一处门厅。走进这个门厅，里面是幽暗的曲径，曲曲折折的，不知通向哪里。若是这些树根盘在水面上，便会形成一处水上隐蔽所。阳光投到这座隐蔽所门前的水面上，形成一个个的圆点，这些圆点被水波轻轻地晃动着。

在门厅内的水中停着一群鱼。为了不惊扰它们，我们放慢脚步，趴在地上仔细观察它们。它们的脖子都是鲜红色的。脖子前面的鱼鳃大口地张合着，就像是在吐掉漱口的水。这群鱼紧紧地挨在一起，头向着水流过来的方向，原地不动，只有鱼鳍和尾巴在轻轻地抖动着。一片树叶晃晃悠悠地飘落在水面上，水中的鱼一下子全部散去了，拨开树叶，它们已经不见了踪影。

有一小片山毛榉矗立在不远处，它们的树干光溜溜的非常挺拔，看上去干净利落。树冠上停留着几只乌鸦，吱吱哇哇地叫着一刻也不住声，像是在争论着什么。它们偶尔清理一下羽毛，将那些老去的羽毛拔下来，扔到地面上，给过几天要长出来的新羽毛腾出地方。

树下铺满了苔藓，软软的就像地毯。刚走上去我就发现了

一个蘑菇，它上面伞状的冠还没有打开，整个看上去就像是一个鸡蛋。这是我人生中采到的第一个蘑菇，我把它拿在手中翻来覆去地看。当时的我既兴奋又好奇。正是这种好奇心，使我有了观察动植物的欲望。

当时青苔上还有许多别的种类的野菌。它们形状不一，颜色各异，有小铃铛形状的，有灯泡形状的，还有茶杯形状的。有的破了会流出牛奶一样的液体，像是在流泪一样；有的如果被踩到就会变成蓝色。这里面有一种最稀奇，它的外形像梨，顶端有一个圆孔，就像一个烟筒一样，每当我用手指头去戳它下面，就会有一簇烟从顶端的圆孔中喷出，这种野菌我收集了一大袋子，有兴致的时候就把它们拿出来挨个放烟，直到它们

缩成像火绒一样的东西为止。

此后，这片小树林不断地给我带来快乐，我自打第一次在里面发现蘑菇之后，便经常光顾，并乐在其中。我甚至同停留在树冠上的乌鸦结成了朋友，它们见证了我学习识别各种蘑菇的过程。我经常采很多蘑菇回家，可是我的家人并不理解我的做法。他们总是指责我把这些有毒的东西带回家，尤其是一种被称为“布道雷耳”的蘑菇。我总是不能理解，这么漂亮的蘑菇怎么会有毒呢？母亲甚至还用她的亲身经历来告诉我毒蘑菇的危害有多大。但是，这些都没有改变我对这些蘑菇的感情。

我不断地光顾这片树林，不断地观察各种蘑菇，最终根据自己的观察将它们分成了三类。第一类蘑菇的菌盖底下生长着

排列紧密、匀称的叶瓣，呈放射状，这是最常见的一类。第二类蘑菇的菌盖底下长有一层厚垫，上面没有叶瓣，而是有一些肉眼勉强可以看到的细孔。第三类蘑菇的菌盖上面长着一些小突起，像是猫舌头上的那些突起一样。我起初并没有想过要给蘑菇分类，只是想找一种能够记住各种蘑菇的方法，结果通过不断地归纳，它们的分类自己就显现了出来。

后来我无意中在一本书中见到了蘑菇的分类，上面居然也是分为三种，分类依据与我总结的也基本相同；书中还提到了这些蘑菇的拉丁文名字，我当时不识拉丁文，这正好给我提供了一个学习的机会，我借此练习拉丁文和法语的互译。拉丁文这种古老的语言，只有神甫在教堂中诵说弥撒的时候才会用到，这使得蘑菇在我心目中的地位大增，我最先学会的拉丁文就是各种蘑菇的名字。

这本书中还提到了那种特殊的蘑菇，就是会喷烟的那种。它在书中的名字居然叫做“狼放屁”。我觉得实在是太低俗了。几天之后我在书中又发现了一种蘑菇，它的拉丁文名字叫做“丽考贝东”，我觉得这个名字非常体面、非常气派，讽刺的是，后来我才知道“丽考贝东”的意思就是狼放屁。在动物学和植物学上，有许多命名是古人留下来的，还有很多是外文翻译过来的。我觉得有些词是不能直译的，因为古人命名的时候不会像今天一样，非常严谨，他们可能只是随口一说，要是把这种词直译过来的话，往往会让人啼笑皆非，甚至会觉得非常粗俗。

儿童的好奇心大人并不能完全理解，我当年沉迷于蘑菇的时候就是那样；我当时觉得非常快乐，可是美好的时光总是短暂。日复一日，年复一年，光阴似箭，时光荏苒；到了如今的年龄，更是感觉如此，觉得生命之花已经过了盛开期，开始枯萎了。生命就像小溪中的溪水，一点点地流尽，一生的经历，就是沿岸的风光；如今，这条溪水已经快流到了终点，眼看就要枯竭。让我们像珍惜每一滴水那样，珍惜生命最后的时光吧！

樵夫在太阳落山之前，会把砍好的柴整理一下，捆扎起来；渔夫在返航之前，会整理一下渔网和收获的鱼；同样，我在生命的大幕即将拉上之前，也想将自己一生得到的知识归拢、整理一下。我对昆虫所进行的研究在哪一方面还有遗漏？细细梳理一遍，好像没有。我身边的昆虫，几乎找不出没有被我研究过的。

森林中的那些蘑菇让我第一次感受到植物学带来的快乐。时至今日，我仍旧经常去看望它们。这些年来，这种拜访一直不曾中断。到了秋季，天高气爽，只要天气允许，我就会拖着僵硬的身躯、迈着沉重的步子到那片小森林中去。我也不知道这是为了什么，或许是为了找回当初的那份快乐，也可能只是想同它们叙说一下这些年来的感情。最简单的理由就是，我总是被那里秋天的景色迷住，红花绿草铺成的地毯上，一个个蘑

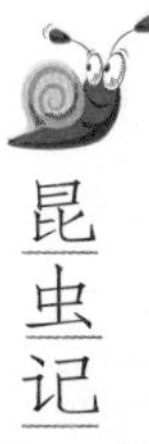

菇露出脑袋，身材俏丽，那种顽皮的样子，总能让我想起我的童年。

我生命最后的一站是塞里尼昂，那里的蘑菇非常迷人。这些蘑菇都生长在附近的小山上，那里还生长着成片的圣栎树、迷迭香、野草莓树。人老了，就容易有一些不切实际的想法，并且变得固执己见。我就是这样，我突发奇想，想把那些本不可能放到一起的各种蘑菇画到一起。于是，我又成了一位业余画家。我开始注意身边的蘑菇，各种各样的，只要被我见到，我就要将它按照现实中的尺寸画在纸上。此前我没有拿过画笔，也不曾想过有朝一日要与艺术打交道。不过这没什么，在经过初期的不顺之后，我的技术越来越高，画得越来越好。另一方面，在每日的写作和长时间的实验观察之后，提起画笔画几幅蘑菇图，倒也是一种放松。

到现在为止，我创作的蘑菇图已经有几百幅之多了。我将周围能找到的蘑菇全都搬到了纸上，无论是大小还是颜色，都严格按照实际情况临摹。

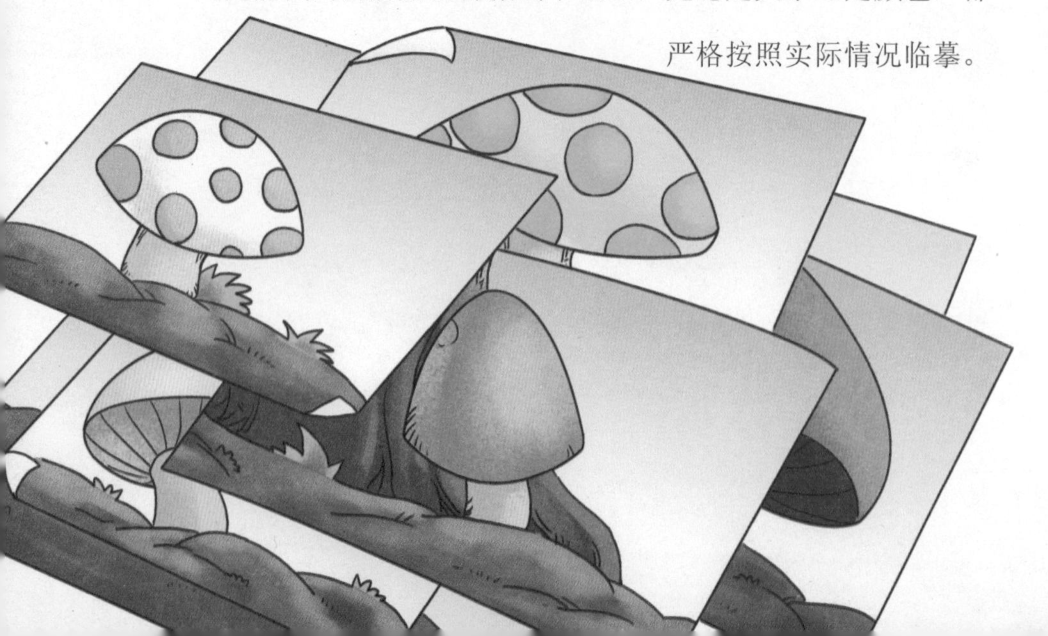

如果你说我这本蘑菇图集的艺术水准不够高，我虚心接受，但是你不能说它不够严谨。有人将我画蘑菇的事情传出去以后，每到周末便有人到我这里来参观。他们都是朴实的乡下人，看到我画的蘑菇之后都大加赞赏，在他们眼中，不借助任何工具却能画得如此逼真，简直就是一个奇迹，他们都很惊讶。画中的蘑菇他们都认识，并能说出名字来。看来，我还是很有绘画天赋的。

这百十幅蘑菇图可是费了我很大的心血，每一幅我都非常爱惜，可是它们将来会在哪儿呢？我按照事情发展的常理推测，最初我的家人肯定会非常重视它们；随着时间的流逝，它们逐渐变成了累赘，总是从一个地方搬到另一个地方，从橱里扔进柜子里，总之放哪里都觉得碍事。在老鼠和蛀虫的光顾下，这本画册肯定会变得纸张发黄，书页残缺，最后的下场可能是被我某个孙子折成纸飞机，扔进风里。现实就是这样残酷，那些我们曾经心爱的东西，将来都会消失在风里。

第十九章 寻找枯露菌的甲虫

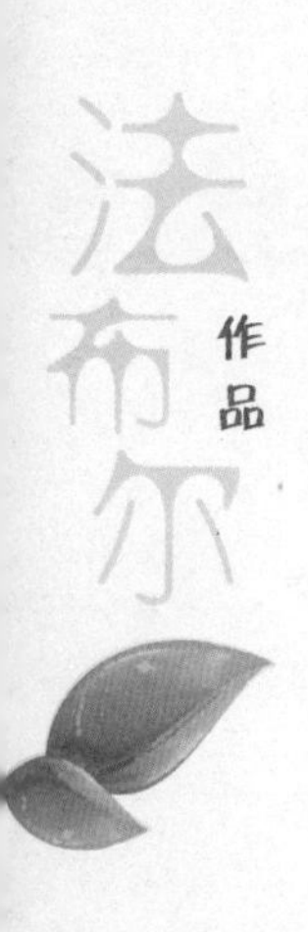

枯露菌是一种蘑菇，它们生长在地底下。在讲找枯露菌的甲虫之前，我想先给大家介绍一下，其实狗也会找枯露菌。

我家的狗原先并不精于此道，是在跟着一只在这方面很精通的专家狗出去过几次之后，才学会了这种本领。那只专家狗我也见过，外貌很普通，样子看上去有些呆，身上也不干净。总之，不是那种你会忍不住将它抱在怀里，或者摸它的头的狗。可是，老天爷总是将天赋和贫穷捆绑在一块，这只狗也是如此。尽管它没有惹人喜爱的外表，可它是名副其实的找蘑菇专家。

这只狗的主人是专门贩卖枯露菌的商人。我为了采集枯露菌标本，便到他那里去借这只狗一用。他起初不肯，因为他将我误认为是来搞间谍的同行。后来有人跟他解释说我是一位研究昆虫的昆虫学家，只是想借他的狗来采集标本，他才相信，并答应带我去采集。

我们事先说好不能干涉狗的自由，它喜欢去哪里就去哪里，

不能因为它找的是那种没人买的蘑菇，或者是不能吃的蘑菇就带它去别的地方。因为对于我来说，它找的蘑菇有没有价值不是我关心的。还有，无论它找的蘑菇有没有价值，我都会给它一片面包作为奖赏。

这次出征我们获得了巨大的成功。我们跟在这只狗身后，它慢慢地踱着步子，用鼻子这边嗅一下，那边嗅一下，不出几步便能发现一个目标。锁定目标之后，它便呜呜地叫几声，抬起头看着主人。商人按照它指定的方向挖下去，弹无虚发，每次都有收获。如果哪次商人挖偏了，它还会在一边呜呜地及时纠正，生怕挖不出蘑菇毁了自己的声誉。就这样，我们一边见证着这只狗的神奇，一边收获着各种蘑菇。到最后，我们的口袋中几乎囊括了这一带地下所有的蘑菇品种。

到底是什么在帮助狗寻找蘑菇呢？是嗅觉吗？我并不这么认为，单纯靠嗅觉的话，它不可能找出这么多品种的蘑菇。它一定有一种感觉是我们人类未知的，我们总习惯用常人的思维去推测，然而，对于大自然我们未知的事情还太多。这种被狗拥有的技能看似很奇怪，其实有的昆虫也拥有。

讲完了狗，下面讲讲一种寻找蘑菇的小甲虫吧！

这种甲虫长得很奇特，又小又黑，形状是圆的，肚皮上长满了白绒，头上还长着一个角，看上去非常美丽。它会发出一种“唧唧”的叫声，那是它用翅膀的边缘在摩擦腹部。

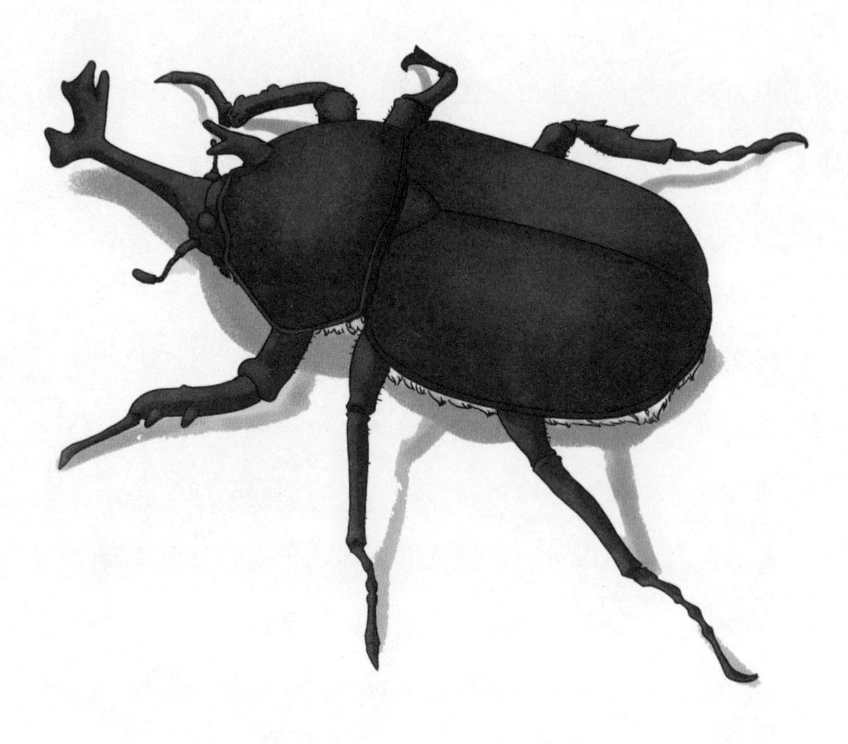

我是在一片美丽的松树林里发现这种甲虫的，那个树林里长满了蘑菇。如果天气好的话，我们都喜欢去那个林子里走一走，尤其是在秋高气爽的日子里。

对于孩子们来说，这里简直就是一片乐园。树上有鸟筑的巢，树后有顽皮的兔子，河边有可以供孩子玩耍的泥沙。阳光洒在草坪上，微风吹过树枝间，我们经常在这里举行野餐。不仅是孩子，成人也喜欢来这里转一转。我来这里的主要目的是寻找那些会找蘑菇的甲虫。这种甲虫的洞随处可见，它们一般被筑在比较疏松的泥土中，深有几寸。一堆疏松的泥土堆在洞口。

每次我用小刀去挖这些洞的时候，总是一无所获。甲虫早就趁着夜色从洞中迁移到了别处。它是一个标准的流浪者，并且喜欢夜行。它会很潇洒地抛弃掉一个家，再去重新筑一个。有时候甲虫来不及跑就被我发现了，但是每次出现这种情况的时候总是只能发现一只甲虫，要么是雄的，要么是雌的，从来没有发现过它们在一起。看来这种洞并不是甲虫的家，只是一个临时住所而已，而且只供单身者居住。

我在一个洞中发现了一只正在啃蘑菇的甲虫，蘑菇已经被它吃掉了一半。它紧紧地抱住蘑菇，像是怕谁抢走了一样，看得出这个蘑菇在它心目中的地位。甲虫的周边落满了蘑菇的碎屑，看来它已经吃饱了。

我把这半个蘑菇从甲虫怀抱里抢过来，发现它跟枯露菌很相像，是一种很小的地下菌。这样我们就可以推测一下这种甲虫的生活习性。比如说，它为什么会临时生活在洞里；为什么会经常搬家。让我们发挥一下想象力，在一个阳光明媚的天气里，一些小甲虫在大地上踱着步。它们边走边嗅着地下的气味，它们灵敏的嗅觉会帮助它们确定哪个地方地下有菌。这些菌都埋在地下几寸深的地方，它们会一直往下挖，绝不会出现失误。等挖到菌的时候，同时也挖出了一个几寸深的洞，这个洞就成了它们的临时住所。洞里的地下菌吃完之前，它们是不会离开的。这只不过是一个临时住所而已，怪不得它们连门都懒得关。

它们会在洞里的食物吃完之后离开这个洞，再去寻找新的居所。找到新的目标后，它们会重复一遍上一次的过程：先是

掘洞，然后在里面住一阵子，等食物吃完再潇洒地离开。这种生活它们会从秋季开始，一直过到来年春天。期间就像打游击一样，在不同的洞之间辗转着。

据我所知，这些菌并没有什么特殊气味，况且还是埋在地下，那么这些甲虫是如何找到它们的呢？这个问题我百思不得其解。我只能说这些甲虫有一种特殊本领，一种人类想不到的本领。

1879年，56岁的法布尔总算买下了一块属于自己的土地。那是一块不毛之地，无法耕种，只能长满杂草。但这是法布尔梦寐以求的天堂，因为它可以成为昆虫的家园。直至去世，法布尔都住在这里，持续整理前半生研究昆虫的笔记，完成了《昆虫记》的后九卷。

法布尔是个奇特的人。

一个人耗尽一生观察“虫子”，不能不说是个奇迹；而且专为“虫子”写出两百万字的大书，更不能不说是个奇迹。尤其令人惊奇的是，他笔下的“虫子”，像人一样多彩多姿，活得有滋有味，令人不得不感叹大自然的神秘。

奇迹般的作品，出自奇迹般的人。法布尔拥有“哲学家一般的思，美术家一般的看，文学家一般的感受与抒写”。这个性格腼腆的法国人，一生坚持自学，先后取得了神学、数学、自然科学的学士学位和自然科学博士学位，精通希腊语和拉丁语；在绘画方面无师自通，留下的许多菌类图鉴堪比专业水彩画家的作品；作为博物学家，他留下了许多动植物学术专著；

作为教师，他编写过多册化学、物理课本；作为诗人，他留下了许多诗歌，被人亲切地称为“牛虻诗人”。《昆虫记》的成功为他赢得了“昆虫界的荷马”以及“科学界诗人”的美名。没有哪位昆虫学家具备如此高明的文学才华，没有哪位作家具备如此博大精深的昆虫学造诣。

可以说，《昆虫记》在人类历史上是空前绝后的。

这部作品中，令人赞叹之处比比皆是。比如对蜣螂（俗称“屎壳郎”）的描写：

当一个蜣螂做成了一个球，便会离开在场的其他同类，独自把劳动成果向后推去。这个时候，一个还没开始工作的邻居

就会跑过来帮着球的主人一起用力推。对于这种帮助，球的主人肯定是欢迎的。但是，它真的是热心的伙伴吗？不，它是一个“强盗”。要知道不下苦工夫和没有忍耐力是做不成圆球的，而去偷或者抢一个那就容易多了。所以有的“盗贼”就会用很狡猾的手段，甚至是暴力，去侵占别人的劳动成果。

有时候，从天而降的“盗贼”会将球的主人击倒在地，然后蹲在球上。前腿放在靠近胸口的位置，摆出一副准备打斗的姿势。要是这个球的主人不甘心自己的劳动成果被霸占，上前来理论的话，这个“强盗”就从后面会给它一拳。球的主人爬起来后就去推自己的球，想赶快摆脱纠缠。这时候，两只蜣螂就会不可避免地发生一场角斗。它们会腿与腿相绞，关节与关节相缠，互相撕扯、互相冲撞，摩擦的甲壳会发出金属摩擦的声音。激烈的打斗结束后，胜利的一方会爬到球顶上，而失败的一方则默默离开。

几千年来，在世界各地，见过屎壳郎的人不计其数。可是谁会像法布尔一样，这么细心地观察、精心地描绘呢？像这种观察和描绘，法布尔在上千种昆虫身上都进行过，观察的结果都记录在了《昆虫记》中。

昆虫的世界，是真实、生动的，折射出人类社会的方方面面。无论是昆虫还是人，都要面对本能、习性、劳动、婚姻、繁衍和死亡等问题。《昆虫记》中充满了对生命的关爱，以及对万物的赞美之情。活泼、诙谐的语句中，充满了盎然的情趣。

自从 1923 年周作人将《昆虫记》介绍到中国，近百年来，译本繁多。原法文版《昆虫记》共十册，约二百万字。由于篇幅过长，且部分内容比较学术化，不利于读者阅读，所以我们进行了选择。所选篇幅，都是最妙趣横生的，体现了法布尔的最高水平。

图书在版编目（CIP）数据

昆虫记 ：全3册 /（法）法布尔（Fabre,J.H.）著 ；富强译. —长春 ：吉林出版集团有限责任公司，2012.4

ISBN 978-7-5463-6852-8

Ⅰ. ①昆… Ⅱ. ①法… ②富… Ⅲ. ①昆虫学－普及读物 Ⅳ. ①Q96-49

中国版本图书馆CIP数据核字（2012）第033237号

昆虫记：全3册

著　　者　[法] 亨利・法布尔
译　　者　富　强
责任编辑　王　平　齐　琳
策划编辑　冯　晨　南　方
封面设计　程　慧
开　　本　787mm ×1092mm　1/16
字　　数　324千字
印　　张　36
版　　次　2012年5月第1版
印　　次　2012年5月第1次印刷
出　　版　吉林出版集团有限责任公司
地　　址　长春市人民大街4646号(130021)
电　　话　总编办：010-63109462-1104
　　　　　发行科：010-88893125
印　　刷　三河市嘉科万达彩色印刷有限公司
ISBN 978-7-5463-6852-8　　定价：60.00元